举手之劳的环保小事

格林教育发展中心 编

河北出版传媒集团
河北科学技术出版社

图书在版编目（CIP）数据

举手之劳的环保小事 / 格林教育发展中心编 .—石家庄：河北科学技术出版社，2012.8
　ISBN 978-7-5375-5364-3

　Ⅰ.①举… Ⅱ.①格… Ⅲ.①环境保护-普及读物 Ⅳ.① X-49

中国版本图书馆 CIP 数据核字（2012）第 197275 号

举手之劳的环保小事

格林教育发展中心 编

出版发行	河北出版传媒集团　河北科学技术出版社
地　　址	石家庄市友谊北大街 330 号（邮编：050061）
印　　刷	北京中振源印务有限公司
开　　本	700×1000　1/16
印　　张	13
字　　数	130000
版　　次	2013 年 1 月第 1 版
印　　次	2014 年 1 月第 2 次
定　　价	25.80 元

如发现印、装质量问题，影响阅读，请与印刷厂联系调换。
厂址：通州区宋庄镇小堡村　　电话：（010）89579026　邮编：101100

目 录

少消费罐装饮料、食品……………………………1

勿用非降解塑料餐盒………………………………3

慎重采摘、食用野菜………………………………5

选用集装食品………………………………………7

使用布袋代替塑料袋………………………………9

少用纸质尿布………………………………………12

少用发胶……………………………………………14

少用洗涤剂…………………………………………16

使用无铅汽油………………………………………18

使用无氟冰箱………………………………………20

少用农药……………………………………………22

少用化肥……………………………………………24

使用杀虫剂要谨慎…………………………………26

拒绝圣诞树…………………………………………28

节约颗粒粮食………………………………………30

随手关闭水龙头…………………………………… 32

使用节约型水具…………………………………… 34

讲究一水多用……………………………………… 36

使用节能型灯具…………………………………… 38

随手关灯与节约用电……………………………… 40

尽量利用太阳能…………………………………… 42

简化房屋装修……………………………………… 45

减少卡片的使用…………………………………… 47

拒绝过分包装……………………………………… 49

拒绝使用珍贵木材制品…………………………… 51

拒绝使用一次性筷子……………………………… 53

反对奢侈，崇尚简朴……………………………… 55

适度消费肉类……………………………………… 57

不过分追求穿着时尚……………………………… 59

尽量乘坐公共汽车………………………………… 61

提倡骑单车与步行………………………………… 63

尽量购买本地产品………………………………… 65

拒绝使用一次性用品……………………………… 67

不吸烟或少吸烟…………………………………… 69

少吃口香糖………………………………………… 71

计算机缓更新……………………………………… 73

集约使用物品……………………………………… 75

不乱燃放烟花爆竹………………………………… 77

不乱扔烟头………………………………………… 79

不乱焚烧秸秆……………………………………81

不在野外烧荒……………………………………83

燃烧物品要慎重…………………………………85

不随地取土………………………………………87

不乱占耕地………………………………………89

勿随意钓鱼………………………………………91

避免旅游污染……………………………………93

勿倒垃圾入江河…………………………………95

不鼓励制作、购买动植物标本…………………97

不进入自然保护核心区…………………………99

控制人口生育……………………………………101

观鸟与关鸟………………………………………103

不干扰野生动物的生活…………………………105

善待公共饲养区的动物…………………………107

不虐待动物………………………………………109

不残害动物………………………………………111

不捡拾野禽蛋……………………………………113

保护青蛙…………………………………………115

拒食野生动物……………………………………117

不购买野兽毛皮制作的服装……………………119

不购买野生动物制品……………………………121

不鼓励买动物放生………………………………123

不围观街头耍猴者………………………………125

顺应动物习性……………………………………127

不把野生动物当宠物……………………………129

修旧利废……………………………………………131

尽量使用可再生物品……………………………133

双面使用纸张……………………………………135

节省纸张，回收废纸……………………………137

垃圾分类回收……………………………………139

热衷旧物捐赠……………………………………141

回收废弃电池……………………………………143

回收废弃金属……………………………………145

回收废弃塑料……………………………………147

回收废玻璃………………………………………149

避免产生有毒垃圾………………………………151

垃圾发电…………………………………………153

认识荒漠化………………………………………155

认识草原危机……………………………………157

认识我们的森林…………………………………159

保护我们的海洋…………………………………161

认识国家重点保护动植物………………………163

认识我们的水资源………………………………165

了解绿色食品的标志和含义……………………167

认识环保标志……………………………………169

参与环保宣传……………………………………171

宣传环境意识……………………………………173

优先购买绿色产品………………………………175

私车定时查尾气……………………………………… 177
爱护古树名木……………………………………… 179
保护文物古迹……………………………………… 181
在室内、院内养花种草…………………………… 183
在房前屋后栽树…………………………………… 185
接近小动物………………………………………… 187
举报破坏环境的行为……………………………… 189
支持环保募捐……………………………………… 191
支持有环保倾向的股票…………………………… 193
组织环保义务劳动………………………………… 195
做环保志愿者……………………………………… 197

少消费罐装饮料、食品

在现代社会，随着人类生产力的迅速发展，人们除了为满足生存这类硬性需求而进行生产之外，还对于一些不必要的软性需求投入了大量的人力与资源，如包装消费，这一点在饮料工业中表现得最为明显。

如果饮料容器重复利用，饮料消费并不会导致太大的环境影响。不存在本身对自然界特别危险的饮料，带来麻烦的主要是它们的包装方式。广大消费者饮用啤酒、汽水、瓶装水和其他装在一次性容器中的饮品的速度正在日益上涨，为了盛装饮品，每年制造和扔掉了至少 2 万亿个瓶子、罐头盒、纸箱和塑料杯。

美国是世界消费罐装饮料最多的国家，美国以罐头的形式扔掉的铝几乎比其他 7 个发达国家为各种目的所消耗的铝还要多。在日本，制造饮料罐是增长最快的使用铝的行业。由此可见，包装饮料和罐装食品消耗了大量的能源和资源。除了产生大量的垃圾、造成大量资源的浪费以外，罐装食品还很不卫生，对人体有着相当大的危害。

因为金属铝具有资源丰富、价格便宜、性质稳定、延展性好、易于加工定型等一系列优点，经常成为罐装瓶的首选材料之一。但是，多项科学研究结果表明，人体从食物中摄入过量的铝，会导致一些中枢神经系统的疾病，如关岛居民所患的肌萎缩症和帕金森氏痴呆症就与过量摄入铝有关。人体摄入过多的铝，会导致脑神经元的衰老，干扰高级神经组织功能。用铝罐装的食品和饮料会溶解一些铝，造成铝的超标。而另一种惯常使用的材料——塑料，也存在许多对人体有害的物质。我国此项消费起步较晚，希望国人在引进发达国家先进技术的时候，不要效法这种已经证明为有害的消费形式。

勿用非降解塑料餐盒

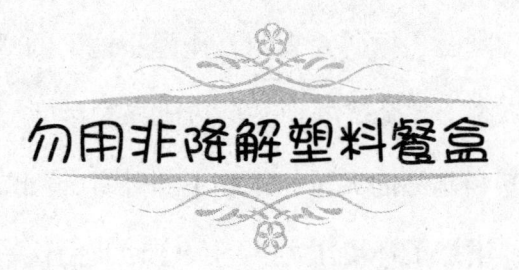

塑料制品是以石油为原料加工而成的，它是石油工业的副产品，塑料生产不仅消耗大量的不可再生资源，而且产生了大量而广泛的污染。非降解塑料危害环境具体表现在：

1. 视觉的危害。大量的废旧塑料制品在城市、乡村乃至交通干线都随处可见，给人们的视觉带来了不良刺激；由于铁路行业管理不善，制度不严，加之旅客环保意识淡薄，随意将用过的餐盒等抛之于窗外，甚至列车服务员亦将垃圾随手弃之车外，造成交通干线两旁的绿色植物白色化，沿途的树木枝条白旗飘飘。在一些江河湖泊上，游客或乘客随手把食品盒、饮料盒、塑料袋丢在水中，一则影响景观，二则影响轮船航行安全，三则影响水产品的安全。

2. 影响农业生产。废塑料遗弃在土壤中，由于难以降解，便会严重影响农作物吸收养分和水分，导致农作物减产，由于大量塑料制品的广泛使用，导致生活垃圾难以处置。

3. 再生产成本高（约 3000 元 / 吨），且回收困难。在环境中不易生物降解（据研究表明，掩埋于地下的塑料需要上百年时间才能降解），焚烧处理又会造成二次污染。

非降解塑料制品的大量使用和不当处置，降低了土地质量、浪费了资源、增加了环境压力，不仅会使我们这一代生活在垃圾的包围之中，而且也将使我们的子孙失去生存的土地，面对难以解决的治污问题。而实际上，塑料餐盒的功能非常有限，人们可以很方便地利用耐用品来替代它。因此，我们应尽量少用非降解塑料餐盒及其他非降解塑料制品。

慎重采摘、食用野菜

近些年来，野菜也成了餐桌上的佳肴，深受城里人喜爱。不但很多人在集市上购买，还有人亲自到公园及郊外的绿地去采集。大部分人认为这是绝对的"绿色食品"，事实却不一定是这样的。

我们知道，绿色植物对于大气具有净化作用，他们不但可以吸附空气中的尘埃颗粒和固体悬浮物，而且对空气和土壤中的有害气体和化学成分具有过滤和富集作用。也就是说，它们的体表和体内集聚着大量的有害物质。测验表明，工厂附近草本植物中硫元素的含量是空气中的几倍甚至十几倍，许多重金属元素的含量也是如此。现在，大部分城市污染严重，很少能找到纯净的野菜。我们食用了这些污染的野菜，对身体危害很大，严重的还会引起食物中毒，特别是城市人口密集地区、工厂和居民区附近以及受污染的河流、水体附近的野菜更不能食用。

即便是其他未受污染地区的野菜也不见得安全。我们现在所食用的谷物蔬果是我们祖先经过千万次尝试验证出来的，其安全性自然可靠。可是，食用未经充分检验的野菜就没这么安全了，有些野菜中含对人体有害的物质，如单宁、生物碱、皂甙、酚类物质、重金属等，长期、过量食用，会对人体产生极大危害。

除此之外，挖野菜时将植物连根掘起，再加上人们的践踏，导致植物第二年不能生长，对植被也造成了破坏。所以，我们不应该盲目追求"时髦"，也不要只图个人口腹之快而无视自然环境脆弱，不要乱采摘、食用野菜，避免对环境和自己的身体造成伤害。

选用集装食品

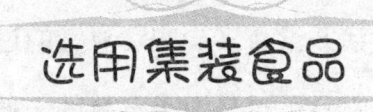

在商家的鼓噪下,消费者对浮华的商品包装越来越注重了。商品的生产原本只是用来供给人们生存生活需要的,它是人类向自然界的索取。商品的过分包装,加重了供养人们的自然界的生态负担和消费者的经济负担。

据统计,在工业化国家的家庭垃圾中,包装废弃物几乎占有一半。包装工业在英国使用了5%的能源,在德国使用了40%的纸张,在美国使用了将近25%的塑料。在美国,消费者对食品包装的开支一般达到甚至超过了农民的纯收入。而且许多包装纯粹是装饰性的,并没有实际的功能,而人们为此却要付出沉重的环境代价。比如,将只能保存一个星期的鲜肉装进能持续100年甚至更久的发泡塑料盘中并用塑料薄膜密封出售。

地球的资源本身就十分有限,虽然现在人类的生产能力已经得到了大幅度的提高,但并不能够从根本上解决资源的问题。

总有一天，人类文明的发展将会被资源匮乏所阻碍。在努力发展科技的同时，节约使用现有资源几乎是最为可行的办法了。而像这种对人类生活并没有多少实际意义的过分包装并非是人类生活所需要的，它只不过是人类贪欲的一种表现，它带给我们的只是资源的巨大浪费，使得资源匮乏的一天加速到来。

近来，我国的商品市场也讲究起这种包装来了。我国人口众多、资源匮乏，更不能提倡这种包装方式。而选用大瓶、大袋装食品，一方面可以减少消费者个人因包装而增加的经济负担，另一方面减少了因过度包装可能带来的环境损害。希望大家都从自身做起，使用更为节俭的包装方式。

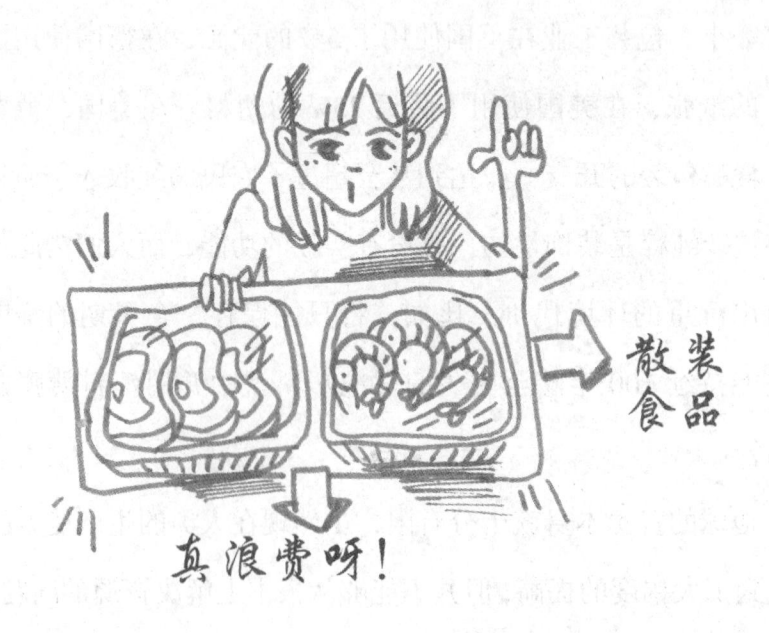

使用布袋代替塑料袋

近年来，人们为了方便，大量地使用包装塑料膜、塑料袋和一次性不可降解的塑料餐具，并且任意抛弃，各大中城市都普遍形成了严重的白色污染。它已同汽车尾气、有磷洗涤剂一起被列为我国环保治理三大重点。

无论我们在哪里购买小件商品，几乎每样物品都会随赠一个塑料袋，回到家后，这些塑料袋往往立即被扔进垃圾箱。作为垃圾，塑料袋离开了我们的家，但是它们并没有在这个世界上消失。在我国的大部分地区，塑料袋随处可见，遇到刮风的天气，它们就会在空中飞舞，降落在树枝上、河流中，影响卫生和市容。

生活垃圾中，塑料是最难处理的，它混入土壤能够影响作物吸收水分和养分，导致农作物减产；填埋起来，占用土地并且上百年才可以降解。大量散落的塑料还容易造成动物误食致死，北京南苑的麋鹿因误食附近垃圾场飞入的塑料袋而死于非命。塑料易成团成捆，它甚至能堵塞水流，造成水利设施、城市设施故障，酿成灾害。我国泡沫餐具的生产和使用量极大，食品包装、购物买菜的塑料袋使用数量也是惊人的。据粗略估计，20世纪我国的白色垃圾有800多万吨。塑料制品是所有生活废弃物中最难处理的部分之一，也一直是一个世界性的难题。

以北京为例，若人均每天消费一个塑料袋（约0.4克重），每天就要扔掉4吨塑料袋，仅原料就价值4万元。小小塑料袋

的害处真够大。我们从前也是用可以重复使用的菜篮子和布袋子购物买菜的，普遍使用塑料袋只是近几年的事。我们应该恢复既往的优良传统。德国年轻人正以挎布袋购物为荣，让我们也来追随这种"绿色时尚"吧。

举手之劳的 环保小事

少用纸质尿布

尿布的种类、大小、形状各不相同，但基本上是一次性尿布和反复使用尿布两类。纸尿布是一次性尿布的典型代表。一次性尿布使用很方便，但长期使用较贵。它们容易使用，可折叠，简单明了，不用洗和晾，不需用别针或塑料衬裤，没有别针刺伤孩子的危险，多在旅行时使用。但是，纸尿布一般只能使用一次，它的原料来自于树木的纤维素，消耗着森林资源，制造过程中又要耗费大量的能源和水，其中一部分后来成为废水。因此，大量生产纸尿布既浪费资源又污染环境。

另外，纸尿布用过丢弃后成为固体废弃物，而且在掩埋时会产生污染问题（1/3 的纸尿布带有排泄物，而且所有的纸尿布甚至一开始就含有病原体，即使加入少量氯化物消毒也无济于事）。

在美国，每个儿童在婴儿期平均使用数千条纸尿布。在都市固体废弃物中，又脏又臭的纸尿布占了一大宗。1978 年美国俄勒冈州的一项研究发现，该州的固体废弃物中，有

16%～32%是纸尿布。美国每年用过的纸尿布已经多到"足以从地球到月球来回铺上七趟"。

我国传统的育儿方式惯于用布尿布，这是一个良好的习惯，应该继承发扬。我国人口基数大，每年都要出生上千万的新生儿。要是都用纸尿布，我们的环境和资源都吃不消。因此，很多事情不是经济上能否承受的问题，而是公民的责任心问题。我们不能够图自己的一时方便，而给整个人类、子孙后代留下不必要的麻烦。

少用发胶

众所周知,臭氧层之所以减少,主要是由于排放至大气中的一些氯氟烃物质(CFC)引起的。这些物质能够将大气层中的臭氧分解成氧气,从而失去吸收紫外线的作用。臭氧层的破坏是当前面对的三大全球性环境问题之一,它直接影响着人类的身体健康与生物生长,因而引起了世界各国的极大关注。

但是由于氯氟烃物质具有性质稳定、不易燃烧、易于贮存、无毒、价格又便宜等诸多优点,因此在许多行业中被广泛使用。除在冰箱工业外,在气溶胶工业中,CFC被作为喷雾、发泡产品的推进剂,而被广泛地用于美容美发、消毒除虫、清洁卫生、医疗医药、油漆装潢、饮食、园艺等领域。

我们平常使用的发胶就是一种气溶胶制品。

尽管相对于其他含氟产品来说,气溶胶物质很容易被替代。1978年,美国开始禁止在发胶中使用氟利昂,此后,其他许多国家先后禁止将氟利昂用于发胶中。在研制氟利昂的取代物中也取得了很大的成果。由于二甲醚的性质与氟利昂很相似，国际上已大量采用其作为氟利昂的替代品，它作为气雾剂，可用于定型发胶、空气清新剂、摩丝、杀虫剂、汽车喷漆、涂膜和抛光剂、防锈剂，基本上能达到氟利昂的效果。但在其并没有被完全替代之前，我们还应尽可能少使用发胶。莫要使得我们的使用而延缓它们的被取代进程，也不要让现已十分薄弱的大气臭氧层受到更多的伤害。

举手之劳的环保小事

少用洗涤剂

人们为了满足卫生的需要,经常将衣服、被褥及日常用具进行洗涤,于是肥皂和各种各样的洗涤剂就进入了人们的日常生活。

近些年来,肥皂与合成洗涤剂的使用量与日俱增。在美国,平均每人每年消费的肥皂和洗涤剂达28磅之多。在我国,除了长久使用的洗衣粉外,洗洁精、洗发膏、沐浴露等各种新型的洗涤剂不断涌入市场。这就产生了一个新问题——环境污染。

肥皂是由天然原料——脂肪再加上碱制成的。肥皂使用后排放出去时,很快就可由微生物分解。所以相对来说,肥皂在生产和使用上,对环境的影响是轻微的。与肥皂相比,洗涤剂对环境的影响较大。

合成洗涤剂很难被细菌降解,往往会长期残留在水体中,给污水处理工作带来很大的难度。此外,洗涤剂中所含的助洗剂三聚磷酸钠和焦磷酸钠是很好的化学肥料,它可以促进藻类等水生植物的生长,这叫水质的"富营养化"。然而,物极必反,水生植物的疯狂生长甚至会阻塞河道,严重地影响水上交通。另外,大量水生植物死亡时会消耗水中的氧气,还会释放出甲烷、硫化氢等有毒气体毒化水质,使鱼类和其他水生动物无法生存。

据英、美等国统计,城市污水中磷有30%～70%来源于洗涤剂。"富营养化"的结果使生机勃勃的水域变成"死湖""阴沟"。总之,随着人们生活水平的提高,各种新型的洗涤剂不断投入市场。这些产品丰富了我们的生活,给我们带来了整洁、干净、舒适的环境。但与此同时,我们必须对洗涤水造成的水质污染问题引起足够的重视,防患于未然。

使用无铅汽油

如果人们在夏季多云的日子，或者冬季无风的日子被困在公路上，被围在十字路口中央，他们会对天气的变化莫测感到厌烦，会产生一种莫名其妙的烦恼和眩晕。更有甚者，咳嗽伴着黏痰令人痛苦不堪。其实，引起人们产生这种不良状况的罪魁祸首无疑就是汽车排出来的尾气，而"助纣为虐"的则是汽油中添加的抗爆剂——四乙基铅。

自1923年美国实际使用四乙基铅作为汽油的抗爆性能起，到20世纪70年代初，世界各国大都采用含铅汽油。在当时的技术水平和历史条件下，汽油加铅对改造汽油性能起到了重要作用。但是，四乙基铅是一种无色油状、易溶于汽油的剧毒物质，使用含铅汽油的车辆，所排放的废气中铅主要是以氧化铅形式存在，它损害人的造血机能，使肠胃中毒，严重时可使神经中枢中毒，还能损害心脏和肾脏功能。

铅是重金属，它不仅可以严重损坏人体健康，也可使汽车净化装置中的催化剂"中毒"而失去净化效果，使机动车辆排放氮氧化物、一氧化碳等二次污染。据分析，城市中80%的空气污染物源于含铅汽油，全世界有17亿人的健康因此受到威胁。

目前，汽油无铅化已成为不可逆转的趋势。所谓无铅汽油，即在汽油中不加含铅的添加剂，而添加一种称为甲基叔丁基醚的含氧化合物作为高辛烷值组分。这种组分沸点低，可以改善汽油的蒸发性能，对汽车的启动、加速以及提高发动机的功率有利，还可以减少汽车废气中的一氧化碳和氧化氮的含量，大大减轻了对环境的污染。现在，我国不少城市已经明令禁止使用含铅汽油。为了我们每一个人的身体健康，尤其是儿童的幸福和未来，让大家一起来宣传含铅汽油的害处，使用无铅汽油。

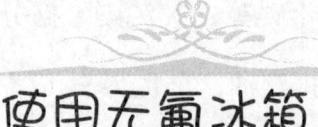

使用无氟冰箱

1982年，人们开始发现"臭氧空洞"，臭氧空洞是指这个地区的臭氧层厚度要远远低于其他地区的厚度。臭氧损耗也可在其他纬度地区观察到。地球同温层臭氧正以每10年近3%的速度在减少。

我们都知道，臭氧可以大量吸收散射到地球的紫外线，臭氧层损耗使更多的紫外线辐射到达地面。研究表明，紫外辐射对生物有损害，可能会增加皮肤癌和白内障的发病率，伤害庄稼及其他植物，破坏构成海洋食物链基础的浮游生物。并且，由于氯氟烃及其他臭氧损耗物质寿命长，已经存在于大气中的这些物质将继续造成较大破坏。

冰箱过去常用氟利昂（氯氟烃的一种）作制冷剂，构成了臭氧损耗物质的一项主要来源。为了保护环境，许多发达国家在1987年9月的蒙特利尔会议上，签订了《关于消耗臭氧层物质的蒙特利尔议定书》，提出了限制直至禁止使用CFC的实施方案，提倡世界各国在电冰箱生产中使用其他化学物质替代氟利昂。

现在，许多国家正在研制一种新型的冰箱。这种冰箱的工作原理是：任何磁性物质在磁场作用下都会改变温度，这类似于传统冰箱中气体压缩与膨胀的作用，于是研究人员将这种新型冰箱称作磁力冰箱。这种新型冰箱不再使用氟利昂作制冷剂，属于无氟冰箱的一种。它不会造成臭氧损耗，而且还有体积小、节约电能的优点。

还有许多其他形式的无氟冰箱开始在市面上出现，相信很快就会普及开来。大家都应该以实际行动支持绿色事业，购买冰箱时选择无氟的。

少用农药

人类每年用460多万吨化学农药防治植物病虫害，这些农药被喷洒到自然环境中。据美国康奈尔大学介绍，全世界每年使用的400余万吨农药，实际发挥效能的仅1%，其余99%都散发于土壤、空气及水体之中。环境中的农药在气象条件及生物作用下，在各环境要素间循环，造成农药在环境中重新分布，使其污染范围极大扩散，致使全球大气、水体(地表水、地下水)、土壤和生物体内都含有农药及其残留。

人类发明农药出来用以消灭害虫，农药为农牧业及至社会发展做出了重要贡献。然而，随着药力的加大和使用范围的扩大，农药的弊端显露出来。农药一旦进入环境中，其毒性和高残留性就会发挥作用，造成严重的大气、水体及土壤污染。在生物圈中，农药在植物体内富集或残留于植物表面，通过植物、昆虫、鱼类、鸟类及气水流通的作用，转化和富集。一方面害虫逐步地产生了抗药性，使农药的需求量日益增加，出现恶性循环；另一方面，益鸟、益虫被杀，生态失衡，造成新的、更大的虫害爆发。

此外，农药残留于植物表面或体内，进入自然界的水体、鱼类及昆虫体内，通过多种途径进入人体，影响人的神经、肝脏、肾脏等器官，引起慢性中毒，诱发癌症等多种病症。

我国是世界农药生产和使用大国，且以使用杀虫剂为主，致使不少地区土壤、水体及粮食、蔬菜、水果中农药的残留量大大超过国家安全标准，对环境、生物及人体健康构成了严重威胁。因此，我们应尽量减少农药的使用，同时推广高效低毒、对环境影响小的新型农药。充分发挥生态调节作用，保护益鸟、益虫，维持生态平衡。

少用化肥

人类通过施用化肥来提高粮食产量,然而化肥也如农药一样是一把双刃剑,由于大量使用,它的危害性越来越凸现出来了。

1. 化肥的过量使用削弱庄稼生产能力。庄稼就和人一样,吃得太饱不仅不利于成长,反而会不利于健康。施肥过量对庄稼造成危害的结果主要有两个:一个是容易倒伏,倒伏一旦出现,就必然导致粮食减产;另一个是容易发生病虫害,氮肥施用过多,会使庄稼抗病虫能力减弱,易遭病虫侵害,继而增加消灭病虫害的农药用量,直接威胁了食品的安全性。

2. 加剧环境污染。化肥的使用造成地表和地下水的污染。地表径流把化肥中的氮带入江河湖泊,使微生物严重增生、水体黏稠发臭,造成富营养化,并日趋严重,导致水中含氧量下降,水生生物死亡。

3. 化肥的施用还严重地威胁近海生物。氮肥随江河进入海洋，诱发赤潮，使鱼类贝类中毒死去，严重破坏海水中的生态平衡。施用氮肥过多的瓜果蔬菜，硝酸盐含量过高，人畜食用后导致高铁血红素血白症，使人的反应能力和工作能力下降，头晕目眩，意识丧失，严重的还会致癌致畸，危及生命。

4.化肥的长期施用严重降低土壤性能，导致土壤营养结构失调，毒性增强，土质板结，生产能力下降等。为了生产化肥浪费了大量紧缺资源。如果能够把浪费掉的化肥节省下来，就会缓解我国的能源紧缺状况。

化学肥料的出现仅是几百年的事，而数千年来人们一直使用农家肥，这是一种符合自然的方式，是可持续发展的。因而，我们提倡少用化肥，多用农家肥。

举手之劳的环保小事

使用杀虫剂要谨慎

二战期间，诺贝尔奖金获得者穆勒发明了农药滴滴涕。这种药品曾经帮助人类克服了很多自然灾害和疾病的蔓延，并且在很长一段时间内被认为是无毒的，深受人们喜爱。然而实际上它是有毒的，而且具有高残留性，能够长期存在与生物圈中，并在生物圈中循环，破坏生态平衡，破坏人的神经系统，导致癌症，诱发多种病变，成为人类健康和生态系统的重大隐患。

虽然现在我们已经停止使用这种药品了，但是历史的教训应该使我们警醒。在世界各地，依旧有许多人在使用各式各样的杀虫剂，成分繁杂，功效多样，虽然它给人们的生活带来了很多方便，但它们也不是百分之百安全的。在那些杀虫剂中经常含有镉、铅、砷、汞等重金属元素和有机氯、苯等有毒物，这些物质对虫类是致命的，对于人类也是有害的。它们散布于空气中时，镉损害呼吸道、肺、肝、骨骼；砷伤害皮肤和呼吸道。挥发性喷雾剂多具有刺激性，含有致癌物质，损伤内脏，引发呼吸道疾病。特别是在密闭的室内，这些污染物还会富集和残留，浓度越来越大，严重损伤居住者的健康。

　　作为一个现代人，我们固然不希望自己的生活范围内到处是自己不想看到的虫子，但要是在消灭虫子的同时，将自己的健康一并赔上了，那就不值得了。因此，人们在室内杀虫时一定要谨慎。

举手之劳的环保小事

拒绝圣诞树

圣诞节原本是一个西方的节日，如今，由于文化的交流与传播，很多东方国家也过起了这个节日。提起圣诞节，人们就会联想到圣诞老人、雪橇、装在袜筒里的礼物，当然还有圣诞树。

传统的圣诞树一般是用枞树做的。以前在西方，人们在圣诞节来临之前到山里或原野上砍下一根根枞树的主干，然后扛回家，插在屋里或院里，用主干和它的枝杈作"树"，并在"树"上弄些装饰物，比如扎些彩带，挂些铃铛或彩灯，把它布置得五彩斑斓，祈望着今后的好运。而这棵"树"实际上是棵死树，并没有吉利的意味。也有人直接用刨下来的整棵树作圣诞树，可节日一过，树照样被遗弃一旁，成了烧火之柴或垃圾。

近年来，中国的很多青少年也开始拿圣诞当个节，这当然没什么不好。令人遗憾的是，有人总觉得过圣诞节不砍棵树不过瘾，即便找不到枞树，也要找棵其他种类的树充数。结果人的节日变成树的死期，这就不好了。

中国是世界上人均森林面积和蓄积量最少的国家之一，本来森林资源正常的使用就已经捉襟见肘，我们没有靠砍树玩情调的本钱。即便是人工制作的假树也是先浪费资源再污染环境，我们不应养成这种坏习惯。因此，人们在过洋节时应该积极吸收其中有内涵意味的东西，而不是只是注意形式，更不要为了不必要的形式连同我们的生存环境一块葬送掉。

节约颗粒粮食

"锄禾日当午,汗滴禾下土。谁知盘中餐,粒粒皆辛苦。"这首诗出自唐朝诗人李绅的《悯农二首》,它充分道出了粮食生产的不易,告诫人们应该珍惜粮食。

在日常生活中,随处可以见到浪费粮食的现象。也许你并未意识到自己在浪费,也许你认为浪费这一点点算不了什么,也许你仍然以为我们的祖国地大物博。然而事实是:我国人口已经超过13亿,每年的净增长是1200万人;据全国人大农业与农村委员会透露,2011年我国耕地面为18.26亿亩,比1997年的19.49亿亩减少1.23亿亩。全国40%的城市人口消耗的粮食依靠进口。从1981~1995年间,全国共减少了耕地8100万亩,每年因此而减少粮食生产250亿千克。而且现在这个减少速度仍然在不断加快。乱占耕地、挖沙、土地质量下降、荒漠化等种种现象在蚕食着耕地。现实绝对不容乐观!

为了缓解日益严重的粮食压力,世界各地都不得不开垦更多的荒地来生产粮食，这就进一步地导致了其他土地类型的破坏，更深层地破坏了生态平衡，甚至影响到了气候，造成土地的退化，产生新一轮的土地危机。所以，要解决粮食问题，公民不应该将目光都放在耕地的扩大再生产上，还应该珍惜粮食，摒弃不必要的浪费。

节约粮食，是我们每个公民应尽的义务，而不是说你的生活好了，你浪费得起就可以浪费。浪费是一种可耻的行为。只要存有节约的意识，其实做起来很简单：吃饭时吃多少盛多少，不扔剩饭菜；在餐馆用餐时点菜要适量，而不应该摆阔气，乱点一气。吃不完的饭菜打包带回家。尽量减少对生态环境的压力已经成为一种新时尚，成为新时代人应该具备的一种品质。

举手之劳的环保小事

随手关闭水龙头

没有不需要水的生命，人类的生命也不例外。可是你是否知道，水资源并不是像我们所想象的那样"取之不尽，用之不竭"。在今天，"节水"这一问题已不容置疑地摆在我们面前。

水是不可再生的自然资源，整个地球的水资源是有限的。虽然地球表面有71%以上的面积是水，总计约有13.85亿立方千米，但其中有97.2%是不能利用的咸水，2%是两极和高山的冰雪以及难以利用的淡水，真正可以供人类利用的淡水资源仅占全球水量的千分之一。

全球每年的淡水使用量在不断增加，拥有全世界40%人口的80多个国家和地区缺水，约有10亿人喝不到纯净水，因饮用不洁净水死亡的人数在发展中国家每年有1000万。这种不可再生的自然资源与日益剧增的人口和社会飞速的发展相比是远远不能匹配的。

生活中，我们经常会见到滴水或用后不关的水龙头。也许很多人认为这流不了多少水,根本就无关大局。先让我们来做一个小实验,用一个量筒在滴水的龙头下接,15分钟就可接上200毫升水,换算成每天是近20升,每年就是7000多升。全国有成千上万的水龙头,全部加在一起可不是个小数。

水是生命之源,珍惜水资源就是珍惜人类的未来。让我们从身边做起,在用过水后、洗手洗澡打肥皂和洗碗间歇时,随手关闭水龙头。

使用节约型水具

现在在世界各地都存在着缺水的情况，而我国是世界上12个贫水国之一，人均淡水资源还不到世界人均水平的1/4。据2000年统计，全国600多个城市，半数以上缺水，其中108个城市严重缺水。有29%的人正在饮用不良水，其中有7000万人正在饮用高氟水。每年因缺水而造成的经济损失达100多亿元，因水污染而造成的经济损失更达400多亿元。

地表水的稀缺又造成了地下水资源的过度开采，很多城市因此而形成地下漏斗，而且污水倒灌还造成了地下水源的全面污染。所以节水对我们来说非常重要。除了要做到随手关闭水龙头、一水多用、杜绝浪费之外，还应使用节约型水具。

我们普通的水管用不了多久就会损坏，或出现跑、冒、滴、漏等现象，浪费大量的水资源。有许多办法可以节水，比如水龙头用陶瓷的，厕所水箱放块砖，洗澡热水器用淋浴小喷头，采用拥有科学合理的冲洗结构的节能型便器等等，有能力者还可以自己制作节约型水箱等。农业方面应采用先进的喷灌、滴灌代替传统的灌溉方式，就可以使水分不必要的渗透、蒸发与流失降低到较低状态。还有很多通过改善器具而起到节约用水的例子，虽然在短时间内它们节省有限，但是从长时间来看，它们节约的水量将在我们日常用水量中占有很大的比例。所以我们提倡使用节约型水具，在生活的细节中使有限的资源发挥最大的效用。

讲究一水多用

我们的日常生活肯定离不开水,所以在节约用水的同时,我们的生活也会受到一定的影响,至少没有毫无顾忌的使用那么自在。然而,一水多用却可以使我们在满足生活需求的同时,尽可能地使水资源得到最大程度的利用。

日常生活中我们可以摸索出很多一水二用或者多用的办法。一般家庭用水中炊事用水占 1/4,洗漱用水占 1/4,洗衣用水占 1/4,冲厕用水占 1/4,如果能把前三项中的用水积存起来用来冲厕,那么家庭的总用水量会减少 1/4,这也可以说是一种中水回用方式。

此外,在炊事、洗漱、洗衣等用水中改变以往的用水方式,比如说以前洗脸用一盆水,实际上用半盆水就能洗干净,那么以后洗脸就用半盆水;淋浴时站在大盆里,淋浴后的水不再直接流进下水道而是积攒在盆里,就可以用来涮墩布、冲厕;衣服最好积累起来一次洗,这样用同样多的水能洗更多的衣服;

还有用淘米水浇花，不用流水洗脸、洗手，都很可行。这样做既能节水，还能减少废水排放量，减轻污水管道排放的压力，避免河流湖泊出现富营养化。

家庭用水设施的维护更新也非常重要，及时发现和阻止"跑冒滴漏"的现象。要知道，一个滴水的水龙头一天就要浪费十几升水。国外一些环保型建筑，能把落在屋顶上的雨水收集起来，再用于浇花或清洁房间……这样的方法还有很多，只要我们有了节水意识，还能想出更多的好办法。让我们一起实践吧！

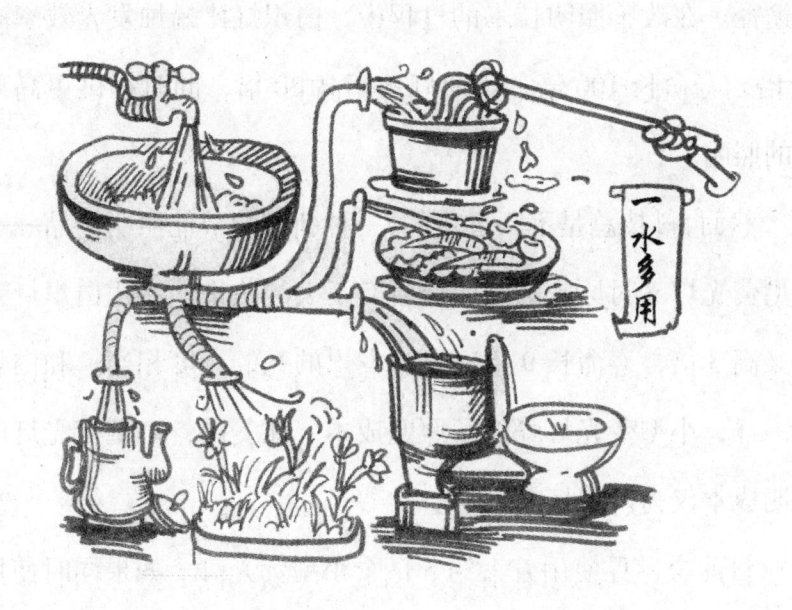

使用节能型灯具

人类生活已经离不开光,人们普遍使用着的灯具照明就得消耗能量,怎样在改善照明设备使之耗能低是一条很好的节能途径。在改善照明技术的过程中,白炽灯比蜡烛发光效率高 70 倍,寿命长 100 倍;比油灯效率高 20 倍,同时提供更高质量的照明。

然而,科技总是不断进步的,一种新型的节能照明产品——小型荧光灯又对原来的照明设备有了大的改进。它比白炽灯效率又高 3 倍,寿命长 9 倍,而且发出的光的亮度相当。和白炽灯一样,小型荧光灯降低了照明成本。在美国,小型荧光灯的照明成本仅为白炽灯的一半。

目前全世界使用着大约 5 亿个小型荧光灯。如果同时使用的话,相对于采用同等功效的常规白炽灯,它节约的电能相当于 28 座大型火力发电厂的发电量——约 2.8 万兆瓦。

除此之外,使用节能灯还可通过减少耗电量减轻由能源使用导致的环境副作用。如气候变化、酸雨和煤炭燃烧时产生铅、砷等有毒金属。同时，使用电能涉及发电、送电、用电以及大型设施的建设和维护，所有步骤都会产生废物。据估计，在美国，一支节能型的小型荧光灯最终将少产生90千克固体废物。

　　从现在开始，使用节能型灯具吧！

随手关灯与节约用电

现代社会，人们很难想象离开电会是怎样的生活。我们大多数人每天都能享受到电带来的便利，我们夜晚的活动几乎都离不开电灯的照明，电视、电脑的消遣娱乐，甚至是热水器、微波炉也成为必不可少的生活用品。

现阶段，人们所消耗的电不管是来自水力、核能还是火力，都是以重大的环境和资源代价换来的。水电设施改变了江河的生态状况；核电站输出核废料；火电燃煤产生大量的有害气体和粉尘，污染了大气，危害了人类的身体健康，导致了酸雨，增加了全球范围的温室效应。

自工业革命以来，人类燃烧了大量的煤炭，这是大气中二氧化碳含量提高30%的主要原因。全球气温的升高是我们每个人都能感觉到的。温室效应使南北极的冰山融化，海平面上升，气候异常，导致一系列生态和社会危机。所以说我们消耗的电能不是洁净的，也不是无穷无尽的，而是有限的，对环境造成巨大的压力。

  我们对电的依赖非常强，我们应该节约用电，避免不必要的浪费。即使是对于电灯这种耗电量相对较少的用具，我们也应该限量使用。你可能以为关一盏灯节约不了多少电，可是如果我们大家都随时注意这一点，节电的效益就很可观了。我们以一个40瓦的电灯泡为例，假设我们每天节约1个小时的使用时间，对于一般拥有4～5个常用灯泡的家庭来说，这就每天可以节约0.2度的电量，一年就可以减少使用73度电。这差不多就是一个普通家庭两个月的照明用电了。如果再乘以中国的人口基数，这将是一个巨大的数字。所以，从随手关灯做起，也将是对环境的一种保护。

尽量利用太阳能

太阳能是来自太阳内部连续不断的核聚变反应中释放来的能量。尽管太阳辐射到地球大气层的能量仅为其总辐射能量（约为 3.75×10^{26} 瓦）的二十二亿分之一，但已高达 1.73×10^{17} 瓦，也就是说，太阳每秒钟照射到地球上的能量就相当于 500 万吨煤。地球上的风能、水能、海洋温差能、波浪能和生物质能以及部分潮汐能都是来源于太阳；即使是地球上的化石燃料（如煤、石油、天然气等）从根本上说也是远古以来贮存下来的太阳能。所以广义的太阳能所包括的范围非常大，狭义的太阳能则限于太阳辐射能的光热、光电和光化学的直接转换。

太阳能既是一次能源，又是可再生能源。它资源丰富，既可免费使用，又无需运输，对环境无任何污染。而且太阳能比其他能源分布更广，所有有阳光照射的地方都可以利用太阳能。太阳能经济，比目前以石油为基础的经济更强大、更稳定、更少污染。对发展中国家而言，广泛应用太阳能意识和体系的建立是摆脱矿物燃料对其经济和环境制约的唯一出路。

人类利用太阳能有三大技术领域，即光热转换、光电转换和光化转换，此外，还有储能技术。太阳光化学转换包括：光合作用、光电化学作用、光敏化学作用及光分解反应，目前该技术领域尚处在实验研究阶段。太阳光电转换，主要是各种规格类型的太阳电池板和供电系统。太阳光热转换技术的产品最

多。如热水器、开水器、干燥器、采暖和制冷、温室与太阳房、太阳灶和高温炉、海水淡化装置、水泵、热力发电装置及太阳能医疗器具。日常生活中，我们可以尽量利用太阳能取暖，利用太阳灶、太阳能电池等。

简化房屋装修

在现代科学技术迅猛发展的今天，人们对家庭物质生活的需求越来越高。近些年来，越来越多的人开始装修自己的房屋，并以此作为生活水平提高的一种标志。殊不知装修房屋不但浪费了大量资源，同时也把健康杀手带进了房间。

据美国《环境学》杂志介绍，美国家庭中出现的有害有毒化学物质竟达150多种。让我们来看看在新装修的房屋中存在哪些危害健康的隐患。

氡气存在于建筑材料中，通过呼吸进入人体，衰变时产生的短寿命放射性核素会沉积在支气管、肺和肾组织中。这些物质衰变时可使呼吸系统上皮组织细胞受到辐射。长期的体内照射可能引起局部组织损伤，甚至诱发肺癌和支气管癌等。

甲醛是常见的室内污染物，引起皮肤敏感、刺激眼睛和呼吸道，存在于家具黏合剂、海绵绝缘材料、墙面木镶板中。

苯等挥发性有机物存在于装修材料、油漆、清漆和有机溶剂中，多具有较大的刺激性和毒性，能引起头疼、过敏、肝脏受损，甚至导致癌症。经研究证明，一般居室的污染物浓度是室外的 10 ~ 40 倍，而在新建筑物竣工后的 6 个月内，空气中的有害物质含量比室外高出 100 倍左右，可见建筑材料释放的有害物质危害之大。

此外，一些过度的装修还会造成房屋承重过大、抗震性减弱、易燃烧、易引发火灾等致命的缺陷。所以，我们应尽量简化装修。这样除可以节约资源外，还可以避免把隐患带回家。若要装修，应尽量使用环保建材，同时采用种养绿色植物、开窗通风等方式，减少室内污染。

再回收利用！

减少卡片的使用

每当传统的新年来临之际,大街小巷到处都在出售新年贺卡。用贺卡互表祝福本无可非议,但此风蔓延开来愈演愈烈,却带来了相应的坏影响。一位4年级的学生一次就买了46张贺卡赠送同学,问他为什么这样做时,他说别人也送给他贺卡。也许我们很多人都有类似的感受。

统计数据表明,一张贺卡从砍伐树木、造纸、印刷、美术加工、集中邮寄,到最终作为废物处理,其中消耗和排放的污染物和浪费的人力、物力、财力是十分惊人的。一般来说,每张贺卡都要消耗10克优质纸张,而每10万张则要耗费5.5立方米木材,相当于30棵左右10年生的树木;生产过程中还要耗电100多度,排放废水300多吨。环保部门估算,如果广州市1000万人平均每人消费一张贺卡,就要砍掉近3000棵10年生大树,耗电1万多度,排放废水30000多吨,耗资1000多万元!

更令人担心的是这还产生极其严重的后果。我国的森林资源极度贫乏，覆盖率不到14%，人均占有的森林蓄积量约8.5立方米，只及世界人均水平的11%。而大量贺卡不但直接吞噬宝贵的森林资源，还会带来大量的造纸废水，污染江河。1998年长江特大洪灾向我们警示：砍伐森林就会导致水土流失，洪水泛滥，野生动物灭绝。最终的受害者还是我们自己。

为此，希望每一位公民都从现在开始，从自己做起，珍惜森林资源，在各种节日前少寄或不寄贺卡，改为利用电子贺卡、短信、彩信等现代通讯、环保方式表达对亲友的祝福。没有贺卡，我们也能交流感情，如果一定要送，不妨自己利用废旧纸张或卡片动手做一张，切切实实"减卡救树"。

拒绝过分包装

随着生活水平的提高，人们不再满足于拥有足够的维持生存需求的商品，对商品的外在包装的软性消费也越来越关注。在日常生活中，我们买来的食品或物品往往有两三层的包装，有时多达四五层。

据报道：美国每年产生的城市垃圾约1.5亿吨，包装废弃物占其中三分之一。欧洲共同体国家每年城市固体废弃物约为1亿吨，其中包装废弃物为8000多吨。日本的城市固体废弃物约5000万吨，其中2100万吨是包装废弃物。我国每年产生的包装废弃物约1500万吨（推算数字）。

大量的包装废弃物，造成了严重的环境污染。生产包装需要耗费大量的金属、玻璃、纸张和塑料，这些包装品一次性用完后却变成了垃圾。美国食品包装垃圾的重量是家庭垃圾的一半，用于包装的开支与农民的纯收入相等。

非常遗憾的是我国废弃物回收率很低。纸的回收率欧共体是26%，我国是15%；塑料的回收率日本是26%，我国是9.6%；铝罐的世界平均回收率是50%，我国是1%。这样既造成了巨大的浪费，又造成了严重的污染。

完全拒绝包装是不可能的，但我们可以做到拒绝多重包装，拒绝过分的和豪华的包装，不买包装豪华又繁缛的食物或用品。在一些国家，过分包装的商品已是一种落伍，会遭到消费者的抵制，而在我们的周围，对过分包装行为的抵制尚需要大家的共同努力。

拒绝使用珍贵木材制品

现在，社会上盲目攀比成风，很多人追求奢华的消费风气。"物以稀为贵"的思想使人们舍得花高价购买和使用珍贵木材制成的家具。然而这种畸形的消费观念正对大自然造成严重的破坏。

以红木为例，红木是热带雨林出产的珍贵木材，价格年年攀升。一双红木筷子上百元，一套红木家具数万元、数百万元，但仍有人购买。我国严禁砍伐红木，我国的红木家具都是国外市场流入的。然而地球的生态系统是一个整体，任何地区热带雨林的砍伐都会破坏动物的栖息环境，造成整体的生态失衡。

另外，珍贵木材取自珍稀树种，而珍稀树种是不可复生的自然遗产。一万年前，地球上约1/2的陆地面积覆盖着森林，约62亿公顷，而如今只剩下28亿公顷了。全球的热带雨林正在以每年1700万公顷的速度减少着，用不了多少年，世界的热带雨林资源就会被全部破坏。

雨林是地球之肺，失去了肺的地球将会不堪设想。保护雨林、保护珍稀树种从拒绝消费珍贵木材制品做起。但人们的生活离不开使用各种现有材料，木质材料更是人类惯于使用的材料之一，要禁止人类使用木材的想法并不现实。所以，当务之急是要先引导人们使用一些常规木材，利用常见树木生长快、分布广的特点缓解市场对木材的需求；其次，要引导人们减少一些不必要的奢侈性消费，避免有限的木材非合理使用；而且要加紧对木材替代品的开发，并引导人们接受、喜爱那些替代品。

拒绝使用一次性筷子

我们在餐馆吃饭的时候经常用到一次性筷子，这是人类社会生活节奏加快和社会服务发展到一定阶段的产物，曾被视为一种文明标志。它又分为一次性木筷和一次性竹筷，因其质轻便于运输、成本低廉、安全卫生而日益被饮食业作为首选食用器具。然而，现实表明，其所谓"卫生"和"方便"不过是人们一种虚幻的心理期望，它的使用与"折枝为筷"本质相同，与每餐清洗消毒、不需要众多生产基地和繁琐运送过程的多次性筷子比，既不卫生，也不方便。

据调查，一次性筷子隐藏三大危害：

1.损害呼吸功能。一次性筷子制作过程中须经过硫黄熏蒸，所以在使用过程中遇热会释放 SO_2，侵蚀呼吸道黏膜。

2.损害消化功能。一次性筷子在制作过程中用过氧化氢漂白，双氧水具有强烈的腐蚀性，对口腔、食道甚至胃肠造成腐蚀；打磨过程中使用滑石粉，清除不干净，在人体内慢慢累积，会使人患上胆结石。

3.病菌感染。经过消毒的一次性筷子保质期最长为4个月，一旦过了保质期很可能带上黄色葡萄球菌、大肠杆菌及肝炎病等。

一次性筷子的生产是一种野蛮的掠夺行为，它的储运中伴随着难以避免的污染，而其使用，显然是不洁和浪费。一株生长了20年的大树，仅能制成6000～8000双筷子。我国现在每年生产大约450亿双一次性筷子，需要砍伐2500万棵树。环保主义者警告，按照目前的速度，中国可能在20年内就要砍掉所有森林。因此，我们提倡外出就餐拒绝使用一次性筷子。

反对奢侈，崇尚简朴

进入20世纪以后，人类开始逐渐感到资源短缺的威胁，不再认为地球资源是可以无限开发的了。虽然在近100年世界人口数量是增长迅速的，具有人类有史以来最多的人口数量，但如果按照古代人类对资源的平均消耗量来计算，现在的地球资源是足够人类消费的，为什么会产生短缺的现象呢？

如果我们对比一下现代人类和古代人类的消费量，我们就会发觉现代人是如何的奢侈。我们真的需要消耗掉那么多的资源才能生活下去吗？印度圣雄甘地说过："地球能满足人类的需要，但满足不了人类的贪婪。"在现代生活中，一个美国人一生中的总需求是一个印度人的60倍；一个美国人一生中使用的汽油超过一个卢旺达人使用的汽油的1000倍。若全世界的人都像美国人那样生活，则人类需要20个地球。

人对物质享受的追求似乎是无止境的，我们不应该把拥有多少住房、开多好的汽车作为幸福的标准，不应该盲目消费，不应该浪费。也许正是由于现代人的虚荣心,才给我们的生存空间造成了巨大的压力。如果我们给子孙后代留下的只是一个千疮百孔的地球,那我们就真的要遗臭万年了。

如果我们自己都做不到简朴生活,又怎能要求别人简朴呢?所以我们应该把简朴和适度作为生活的新时尚,让人们都来追求这种时尚,而不是去盲目攀比享乐和浪费,用新的消费和生存观念来减轻我们对环境的压力。

这个打包!

适度消费肉类

我们大多数人都爱吃肉，以前生活水平较低，肉类消费量较低。随着生活水平的提高，餐桌上的肉越来越多，更加培养了很多人对肉类的嗜好。有的孩子甚至没有肉就不吃饭。

适量的摄食肉类对于人的身体是有益的，特别是对于正处于生长期的少年儿童来说，充分的肉类补充是必需的。但所有的东西都讲究一个量，过犹不及。现在在很多家庭中，由于父母的溺爱，孩子的偏食，加上运动量不足，过度摄入的脂肪、蛋白质、糖，都会转化为脂肪堆积在体内，造成饮食性肥胖。1999年的一项消费调查表明，城市男孩每10个人中就有1个胖子。尽管发胖可能有许多原因，但过度吃肉肯定是导致发胖的一个重要原因。

超出正常需求的肉类不仅造成身体和心理的负担，还增加了对环境的破坏和污染。多吃肉就要养更多的家畜、家禽，耗费更多的资源，饲养场中大量的家畜家禽粪便还污染地下水源。

举手之劳的环保小事

在美国，1千克的猪肉要7千克的谷物来转化，我国的这个比例还要更高。谷物生产要占用大面积的耕地，要投入农药、化肥、能源等，生产1千克牛肉消耗的水资源是1千克面包的25倍，过度放牧牛羊还是造成全球荒漠化的最主要原因之一。

　　因此，对于肉类的消费要节制和适度，不要既给环境造成压力，又给自己的身体造成负担。对于缺乏自制力的儿童来说，家长们应该起到督导作用，为孩子们的将来着想，给他们安排合理的膳食。

不过分追求穿着时尚

虽然生产服装和鞋子之类的生活用品对地球的损害没有重工业的大，但为市场提供流行样式也的确导致了一些生态影响。

首先，棉花种植是世界上最大的农药和水的使用者之一。例如，中亚地区由于盲目增加棉花的种植面积，经常造成水资源的严重匮乏。像乌兹别克斯坦这样的农业国家，仅农业灌溉就消耗了整个国家约90%的水资源。严重加剧了水资源的短缺状况。

其次，一些毛料和皮革都是来自畜养牲畜和野生动物。为了获得更多的毛皮产品，牧民们经常过度放牧，造成了草原的严重退化。由于野生动物的毛皮具有更高的价值，所以许多人往往无视国家法规，频繁盗猎濒临灭绝的野生动物。例如，生活在青藏高原的藏羚羊就是因为出产具有"软黄金"之称的珍贵毛皮而被大肆捕杀，已经濒临灭种。

再次，合成纤维也是经常使用的材料。它主要来源于石化工业，不仅穿起来舒适程度要差一些，而且对环境的损害也更大一些。如合成纤维的原料——石油是远古时动植物所吸收和集聚的太阳能，是一种不能再生的能源；在生产合成纤维的过程中，需要一系列的化学反应和非同一般的高温燃烧，会污染空气或水源；合成纤维在使用丢弃后，因为难以降解，还会给环境造成压力。还有一些纺织厂常常使用作为危险品登记的工业染料，这些材料的生产和使用会产生许多有害的物质，释放到空气中或溶解到水中，造成危害持久、难于治理的污染。

所有种种，都显示简简单单的一身服饰将要耗费掉许多的地球资源，给本来就十分脆弱的地球环境带来不可轻视的压力。所以，我们不要过分追求穿着的时尚、频繁淘汰服装，以减轻对环境的不必要的压力。

尽量乘坐公共汽车

1943年，在美国洛杉矶的居民们发现空气中有一种微白的薄雾，有时带有黄褐色，刺激人眼疼痛和流泪，这种薄雾日趋严重，但直到10年后才找到真正的祸首——汽车。

从世界范围看，汽车尾气是空气污染的一个重要因素。汽车尾气中含有一氧化碳、氧化氮以及对人体产生不良影响的其他一些固体颗粒，尤其是含铅汽油，对人体的危害更大。

据报道，1955年和1970年洛杉矶又两度发生光化学烟雾事件，前者有4000多人因五官中毒、呼吸衰竭而死，后者使全市3/4的人患病。汽车排放的废气，在每年5～10月份的强烈阳光作用下，形成光化学烟雾，引起眼病、喉头炎和头疼，还降低了大气能见度，使车祸和飞机坠毁事件增加。为了提高城市空气质量，美国制订了严格的降低汽车污染的计划。

1996年，欧盟又制订了据说比美国还严格的汽车尾气排放计划。欧盟的计划中，提出了提高汽油和柴油质量的标准，

举手之劳的环保小事

要求在2000年前取消含铅汽油,在雅典、伦敦等污染严重的地区,采用特殊燃料。同时,要求新推出的车型,都必须进行技术改造,以净化汽车尾气。

如今,汽车废气的治理已取得相当的成功,但由于数量的急剧增长,汽车仍是城市大气污染的主要来源。据报道,近年国内某些大城市也出现过光化学烟雾污染。不仅如此,制造汽车的过程中也要消耗自然资源,也要排放污染物,汽车还产生噪声等危害。而且日益增加的汽车给城市交通造成重大压力,造成交通拥堵。这些都严重地困扰着我们的生活,而解决的办法之一就是少乘小汽车,提倡乘坐公共汽车。

尽量乘坐公共汽车!

提倡骑单车与步行

公共交通、自行车和汽车都可以方便人的行动，但从保护环境的角度看，三者之中最有前途的还应是公共交通和自行车。

中国人口多、土地少，若建立一套如美国那样以汽车特别是私车为中心的运输体系的话，侵占耕地，加剧人口过剩，给多数人带来的只能是灾难。提倡骑自行车或乘坐公共交通工具，在限制轿车生产的同时，加速扩大自行车的生产，这对世界各地的人们都是大有好处的。

运动专家指出，由于自行车运动的特殊要求，手臂和躯干多为静力性的工作，两腿多为动力性的工作，在血液重新分配时，下肢的血液供给量较多，心率的变化也依据踏蹬动作的速度和地势的起伏而不同。身体内部急需补充养料和排出废料，所以心跳往往比平时增加2～3倍。如此反复练习，就能使心肌发达，心脏变大，心肌收缩有力，血管壁的弹性增强。从而使肺通气量增大，肺活量增加，肺的呼吸功能提高。

举手之劳的环保小事

自 1969 年以来，自行车因其健身、休闲、环保等优势，作为物美价廉的交通工具，普及程度一直在提高。由于对空气污染、交通堵塞、二氧化碳排放和土地缺乏等等的担心，以及在今后几年粮食短缺形势的严峻，自行车将因其节省土地和稳定气候的长处而更受欢迎。

特别是当距离不是很远，或时间不是很紧的情况下，步行也是一种良好的交通方式。它除有利于环保外，更有利于身心的健康和调适。

提倡步行与骑车！

尽量购买本地产品

现代社会，世界各地的联系越来越紧密，一个地区的群众常常消费来自世界各地的产品。商品流通范围的扩大和流通速度的加快，大幅度地提高了人们的生活质量。但由于生活消费品供给线路的延长，也给自然环境带来了一系列的压力。

尽管运输成本逐年下降，生活消费品从农场、牧区、工业园区等运送到大城市的超级市场直至消费者手中，还是移动了比以往任何时候都长的路程。以美国为例，一般的美国食品从农田到餐桌平均要运行2000千米；供应加利佛尼亚的新鲜食品40％是远距离运输品，从加利佛尼亚用货车运送一棵莴苣到纽约消耗的能量是种植一棵莴苣所消耗能量的三倍。虽然在许多地方，街头副食店、面包坊仍占据很重要的地位，但现在这些小超市正让位于所谓的特大超市。

集中购物不仅增加了货品运输的距离，也增加了人们行走的距离。集中生产、集中购物，致使运输的消耗大幅度地增大，其消耗的能量已经是一个不容忽视的数目。再者，为了便于运输，政府必须修建众多的公路与铁路，这样势必会浪费许多土地，对生态环境造成一定的破坏。从这个意义上讲，购买本地产品就是保护环境。

长途贩运是市场经济的特点之一，购买本地产品有利于保护环境，在鼓励市场竞争的同时尽量购买本地产品是正确的选择。

拒绝使用一次性用品

现在人们追求高质量的生活和节奏，常常使用各种各样的一次性产品。在现代社会生活中，商品的废弃和任意处理是普遍的，特别是一次性物品使用激增。

据统计，英国人每年抛弃25亿块尿布；日本人每年使用3000万台"可随意处理的"一次性相机；日本的公司免费分发数百万节含有镉和汞的电池；除了可任意处理的钢笔之外，美国人每年抛弃1.83亿把剃刀、27亿节电池、1.4亿立方米用于包装的聚苯乙烯塑料、3.5亿个油漆罐，再加上足够供全世界人口每月野餐一次使用的纸张和塑料制品。这些一次性产品虽然用起来方便，但废弃也快，废弃后不得不花大量的人力、物力、财力去清除和治理，同时也会给人类和自然带来巨大的危害。

一次性塑料用品将破坏臭氧层；有毒物质也将损害人体健康，其降解周期极长，在普通环境下可达200年左右。因此它不仅破坏了环境，而且给人类的生存带来了较大的危害。一次性木筷则消耗了大量的木材，破坏了森林，是土地荒漠化、水土流失的元凶之一，给自然环境带来了恶劣影响。而且这些一次性产品一般质量不高，尤其是卫生成问题，很多产品都没有按照要求来生产，本来是为了提高卫生条件而使用一次性产品，没想到一次性产品成了污染之源。

我国是一个有十几亿人口的大国，如果提倡一次性用品的使用，消费量将是巨大的，不仅造成资源的浪费，而且产生的废弃物也会带来无法预料的灾难。

不吸烟或少吸烟

吸烟是一种损害人体健康的不良习惯。现代医学科学证明，烟草燃烧时会释放出1000多种化合物，绝大多数对人体有害，且有不少于44种的致癌物质。如烟焦油、烟碱（如尼古丁）、一氧化碳、醛类（如苯甲醛）、胺类（如联苯胺）等。最近日本学者研究表明，烟雾中还含有迄今为止已知物质中毒性最强的化合物"二噁英"。它们会引发和恶化各种疾病，例如，癌症、肺炎、气管炎、高血压、骨质增生、各种心脑血管病、哮喘以及不育等病症。

据1995年有关吸烟副作用的研究，在30多岁的人群中，吸烟者心脏病发病率比不吸烟者高5.3倍；在40多岁的人群中，吸烟者的心脏病发病率比不吸烟者高3.7倍。青少年正处于生长发育时期，呼吸道黏膜容易受损，吸烟的危害性更大。据调查，小于15岁开始吸烟的人，比不吸烟的人肺癌发病率高17倍。据世界卫生组织计算，吸烟者平均寿命不到70岁，比预期寿命少22年，全世界每年约有1000万人死于与吸烟有关的疾病。另一项研究发现，中年以后，吸烟者的面部皱纹比不吸烟者多1～2倍。吸烟还可导致肺癌等多种疾病。

据统计，在1996年1年中，香烟就大约杀死了300万人——其中工业化国家200万人，发展中国家100万人。之所以工业化国家的人数高于发展中国家，是因为发展中国家大规模吸烟开始得较晚。近年来，受经济增长刺激，发展中国家的香烟消费逐年增加。当发展中国家人口开始吸烟和疾病出现之间的过渡时期过后，每年因吸烟死亡的人数将达到1000万人。

少吃口香糖

口香糖是二战中一家美国公司为军方生产的军需物资，送到欧洲战场上，大受战地美国兵欢迎。作为一种休闲食品，口香糖固然有很多可爱之处，但是近年来在一些发达国家，口香糖的名气却开始臭了。

原因很简单：口香糖入口时爽口，"出口"时却只会让人恶心。更要命的是，口香糖吐在地上后形成的残迹难以清除、难以降解，给环卫工作添了很多麻烦。

据参加 2005 年 2 月 28 日在英国召开的专门讨论应对口香糖污染的峰会的代表统计，平均每两个英国人中就有将近一个吃口香糖，而黏在地上嚼过的口香糖需 5 年时间来分解。一小包口香糖的价格为 3 便士，但需要超过 3 倍的代价清除其污染。贝尔法斯特专门服务机构负责人希瑟·劳登认为，清除口香糖污染代价高，耗费资源，人们平均 1 个小时只能清除 1 平方米的污染。

举手之劳的环保小事

据报道，爱尔兰2003年在一份关于垃圾的报道中称，每年清除垃圾的费用达7000万欧元，其中清除口香糖污染的费用占30%。该国政府为此颁布法令规定，嚼口香糖者须缴纳10%的口香糖税，即每小包口香糖须缴纳5欧分。

同样，在神圣的北京天安门广场，口香糖残迹就像一摊摊鸡屎，搞不好还会黏在游人的鞋上。为了防止让口香糖残迹败坏形象，国外一些城市近年来开始制定法规，禁止人们在公共场合吃口香糖。比如在新加坡，在公共场合吃口香糖的人将被处以高额罚款。虽然现在中国还没有对口香糖消费采取什么限制措施，但任何一个关心环保的人都应该对口香糖说"不"，至少在吃口香糖时不要出口成"脏"。

要少吃口香糖哦！

计算机缓更新

尽管，现代社会信息技术被首推为"无烟工业""清洁工业"的代表，是非物质化的文明。但它一定程度上也承袭了传统工业的弊端，只是它对环境的影响尚未引起足够的注意。它们对环境的污染主要表现在它们的载体的生产和废旧处理之上。

一份研究表明，在半导体的生产过程中，用来制作计算机"芯片"的硅需要相当高的纯净度，而从石英矿砂开始的极为漫长的硅净化过程中需要浪费大量的原料和使用大量的有毒化学品。正因如此，在硅谷升起的"清洁"或"朝阳"工业也使这里成为美国危险废物密集度最高的垃圾场。

另外，现在计算机的发展速度十分迅速，更新周期越来越短。由于新的高性能计算机的不断涌现，许多旧型号的计算机被废置。一般说来，一台计算机机在出厂12个月后就落伍了。在信息化程度很高的美国，已经有7000万台旧计算机机被束之高阁；2000年，我国的旧计算机也已约达50万台；预计在今后 10 年中，全球还将有 1.5 亿台计算机被淘汰。虽然计算机中 90% 的物质可以回收利用，但 1998 年美国只有 8% 的废旧计算机被回收。扔掉废旧计算机很容易，但计算机零件中含有许多有毒物质，最终都进入了泥土。此外，公众还应当了解，旧计算机仍然可以在许多学校、社区机构和老年人家庭中派上用场，应该就它们再重新配置进行合理化利用。

其实对许多使用者来说，旧计算机的性能完全够用，没必要过于跟时尚。如果你把每台计算机多用上一两年，你就为节约资源、净化环境做了贡献。

集约使用物品

在我们的日常生活中，有一些物品是我们需要用的，它们给我们的生活带来了诸多方便，所以我们常常购买。然而它们的使用频率却很低，常常很长时间才会用到一次，大部分的时间里它们都被闲置起来。对于这类物品，集约使用是节约资源的好办法。比如，许多汽车只偶尔使用，平均每天只用1小时，然后在余下的时间里就放在保养处或停车场。这样的车就完全可以供多个驾驶者使用，或以传统的商业租赁之法，或以非经济目的"合伙使用"。这样一来，车辆不但省去了闲置时期内的保养费用，还能够有效地使车辆得到最大效率的利用。

合伙使用在其他领域也开始发展。出于同样的逻辑，为减少不动产建设费用，一些企业开始放弃使用传统的办公室，而代之以实行由偶尔需要办公室的职员共同使用的制度。大型计算机、复印机的一些昂贵的机械往往也是采用诸多企业合用的形式。

物质财富的集约使用，要求企业实行一种从未采用过的战略。通俗地讲，就是比注重销售产品本身更注重销售服务、使用和满意。消费者购买的不是一架飞机，而是一次飞行行程；不是一部电梯，而是升降的移动服务；不是一辆公共汽车，而是一段行程；不是复印机而是复印的功能等等。当消费者获得了销售服务时，销售产品本身并没有什么实际意义。

因此，广大的消费者不必执著于对销售产品的拥有，而应该以一种更科学的心态来合理利用已有物品，而避免材料和能源不必要的浪费。

集约使用物品

不乱燃放烟花爆竹

火药是中国古代四大发明之一。"新历才将半纸开，小庭犹聚爆竿灰。"以火药为主要原料制成的烟花爆竹，曾经是中国人在节日（尤其是春节）期间必不可少的喜庆之物。但是，随着人口的日渐膨胀和集中，以及自然环境的日渐脆弱，燃放烟花爆竹的弊端越来越显现出来。

有人称燃放烟花爆竹产生的硝烟为"年味"。燃放烟花爆竹会产生二氧化硫、氧化亚氮、二氧化氮等气体，这些有毒有害气体是无形的"杀手"。当硝烟弥漫时，这些气体对我们人体各部位都有着一定的损害作用，对眼睛也有刺激作用。

其次还有噪声污染。除夕之夜燃放烟花爆竹产生的爆炸声连绵不断，吵得人年三十之夜往往难以入眠。而高强度的噪声对患有脑血管、心脏病等疾病的人来说危害十分严重。春节期间，高强度、高密度、长时间的噪声对健康的不利影响就可想而知。据报道，我国几乎每年都有因放鞭炮，造成听力受到严重损伤、爆炸性耳聋、听觉迟钝的事例。

此外，爆竹烟花的燃放还会酿成火灾，产生很多垃圾，造成严重的环境污染，还会浪费大量资源。今天，在很多大中城市，法律已明令禁止燃放烟花爆竹。据报道，北京市在禁放、限放烟花爆竹之前，每年春节期间出动的环卫工人数和环卫车辆数都相当于禁放、限放后同期的十几倍。

希望人们不要把新年换了构筑在破坏生态环境之上，拒绝燃放烟花爆竹，还空气清新。随着社会的发展，我们应选择更文明的形式欢庆节日，进而建设起全面的绿色文明。

不乱扔烟头

吸烟的危害是众所周知的，但人们往往将视角放在对当事人的健康的损害之上，而很少将这种损害普遍化。吸烟有百害而无一利，可你是否想过百害之中，有没有对环境的危害呢？不光有，还挺多、挺厉害呢！就说这小小的烟头吧，对环境的危害就挺可怕。

一方面被人随意扔在路边的烟头最后往往会被风吹进下水道，进而会污染水源；另一方面，乱丢未熄灭的烟头还会引起火灾，造成更为严重的环境后果。

香烟头虽小，潜在的危险性却很大。香烟的燃烧状态，可分自由燃烧和吸烟燃烧两种，当然这两种燃烧是交替进行的。香烟的燃烧，由于香烟的品种不同，燃烧的最高温度有所不同，因而各燃烧区域的温度也不同。一般说来，香烟中心部位温度高达900℃，在卷纸的燃烧边缘温度达200～300℃。吸烟时中心温度要比自由燃烧时高一些。要保持香烟燃烧，中心部分必须在700℃以上。风速对香烟燃烧也有影响，风速1.5米/秒时最容易燃烧，风速达3.0米/秒时则很容易熄灭。

香烟的自由燃烧速度与放的位置也有关系，在无风的条件下，水平放置时，烧到香烟过滤嘴一端共需14～15分钟，垂直放置时，由下往上燃烧到过滤嘴需12～13分钟。根据试验，香烟引起棉絮、木棉着火只需3～7分钟，引起腈纶着火只需1分钟左右。由此可知，乱扔烟头容易酿成火灾也就不奇怪了。

不乱焚烧秸秆

每年的金秋丰收之季，麦秸秆、稻草等大量堆在田间、路边，许多农民焚烧秸秆，浓烟滚滚，既浪费了资源，又严重污染了空气和水质。焚烧秸秆是一件有百害而无一利的事情，但若将秸秆进行合理的利用，则可以变废为宝。

目前，在全球范围内，一个毋庸置疑的事实是，土壤的质量正在退化。尽管农民施用了很多的氮磷钾化肥，它们迅速而方便地替代了土壤在侵蚀过程中或在种植农作物过程中输出的许多营养成分，但是在发现增加化肥用量可以提高产量的几十年后，在许多国家，可种植的作物品种对化肥的接受效应达到极限，施肥也不再能够掩饰越来越严重的土壤退化。化学肥料不可能代替真正肥沃的土壤，它们不能给土壤提供包括有机物、微生物、昆虫、水等在内的一些基本成分。这些基本成分的相互作用，会为植物创造一种有益的环境。

针对这些情况，比较流行和有效的做法是让秸秆还田，提高土壤中有机质的含量，防止土壤退化。这种方式一方面有利于综合利用资源，还有利于改善环境，所以，我国一些地方应该尽快改掉焚烧秸秆的坏习惯，学习实施更为科学有效的手段来从事农业生产。

我国是个农业大国，农作物秸秆产量远超过农作物的产量。我们应该及时和妥善地处置，科学合理地利用好秸秆。这样，不仅有利于促进农业的可持续发展，而且有利于保护和改善生态环境。

不在野外烧荒

没有人能够脱离空气而生存,如若空气大面积地受到污染,那将是无人可以摆脱的厄运。当你走上街头,为污浊的天空而烦恼,为难闻的空气而窒息时,你一定会感叹:我们的大气质量越来越差了。政府已经下大力气进行大气治理,从治理汽车尾气、居民煤烟、工厂废气等开始,从各个环节截断污染源头,其中一项就是治理野外烧荒。

其实,枯草是大地最好的"防尘罩",地面上有枯草覆盖,即使遇上大风也不会起尘土。枯草被烧掉了,地面泥土裸露,一遇大风,便漫天尘土。另外,烧荒会严重破坏生态。除人为植树外,树木也依靠自身繁殖。树木结籽之后,在风、鸟的帮助下,异地生根。任何树木,从发芽开始到秋天只能长一人来高,枯草燃烧发出的热量足以把小树根、树皮烧焦,将小树熏死。

我们已经进入文明社会,不应该再停留在刀耕火种的耕作方式上,野外烧荒产生大量的烟尘颗粒和二氧化碳、一氧化碳,降低大气能见度，损伤人们的健康。另外，草木秸秆等是重要的生物资源，应该以自然的方式回归自然，烧掉是极大的浪费。并且，每年都有因为野外烧荒引发火灾，烧毁森林和草场的报道。还有人在林地中烧荒，将树木烤死，同时破坏小鸟、野兽和昆虫的栖息环境，破坏局部生态平衡。我们应该提倡将荒草和树叶进行堆肥，重新补充到自然生态中，而不应一烧了之。

燃烧物品要慎重

在日常生活中，最为常见的处理垃圾的方法是填埋、堆肥和焚烧。其中，焚烧固体垃圾由于可以大大减少其数量、可回收热能、简便易行等优点而被广泛采用。但实际上，垃圾焚烧会对环境产生二次污染。

由于垃圾的成分十分复杂，垃圾焚烧生成的污染物比化石燃料（如煤、石油、天然气等）燃烧生成的污染物更多、更复杂、毒性更大。其污染物主要是焚烧产生的酸性气体（如SO_x、NO_x、HCl等）、有机类污染物（PCDDs、PCDFs等）和灰渣中的重金属。垃圾焚烧不仅污染大气，而且燃烧后灰烬的存放会对土地和地下水造成污染。即使为了符合空气排放标准，安装过滤装置来收集排放物，同样也需要处理固体废料，增加了环境的负担或危害。

其实，对于可以燃烧、蕴涵高能的垃圾，我们可以将能源回收，比如发电。由于技术原因，我国垃圾发电发展较慢，用垃圾发电的优点是垃圾堆放场地小，节省土地资源，但技术要求高。垃圾焚烧若技术不过关，焚烧时会释放致癌物二噁英，产生二次污染。如果用垃圾堆肥，则需要建立使垃圾能够发酵的堆放池。最高级的垃圾处理方式是发电和堆肥联用，而联用需要攻克的科学技术问题则更多。垃圾焚烧技术含量高，存在许多难点。国外的焚烧设备投资高，如日处理1000吨垃圾的焚烧设备需人民币7万元左右的建设资金，而其发电量又小。如果取消财政补贴，垃圾发电则必然亏损。

因此，我们在没有废气处理条件的前提下更不能轻易滥烧可能产生有毒气体的物品。

不随地取土

我们都喜欢生活在绿树、青草、野花的山水田园般的环境，而不喜欢沟壑纵横，没有生机的土地。然而，美好的环境来自我们每个人的珍惜和维护。

近年来，各地都频繁地发生非法取土、随意取石的事情，甚至有些地方的挖掘还造成了山体的崩塌，水土大量流失。各种植被生长都是依靠地表营养丰富的表层土，我们如果到路边、山坡、草场等野地去挖土，不但破坏了原有的植被，而且带走了表层土壤，就像在山体和草场上撕开了一条条的伤口，这些伤口在雨水和风力的冲刷下会越来越大，造成草场退化，严重的还会引起山地泥石流、滑坡等恶性生态事件。

我国每年因为泥石流和滑坡损失达数亿元，特别是公路和铁路附近的泥石流和滑坡，每年造成几百乃至上千人伤亡，损坏农田、铁路和公路等设施，造成严重的后果，而这些与路边、山坡上的植被破坏有直接关系。还有一些人非法在河堤等特殊场合取土，严重损害了河堤的使用寿命而致使人民群众的财产蒙受巨大的损失；在古迹附近取土则致使古迹遭受无法修复的破坏。

很多人兴许认为取土只是将土壤移动了一下位置，大自然的力量会使得它们恢复原样的。然而，"千里长堤，溃于蚁穴"，我们应该避免哪怕是很小的破坏行为，同时提倡植树种草，护路护坡，美化我们的生存空间。

不乱占耕地

耕地是农业生产最基本且不可替代的生产资料，耕地保障对粮食安全问题有着重要的现实意义。粮食总产量是粮食单产和粮食播种面积的乘数，耕地面积是粮食总产量的重要制约因素之一。而耕地面积的变动主要由耕地面积的增加量和耕地面积的减少数量来决定。耕地面积增加来源主要包括土地整理、土地复垦、土地开发和农业结构调整。耕地面积减少的去向包括建设占用、农业结构调整和退耕灾毁等。因此，耕地非农化仅仅是影响耕地面积变化的因素之一。

今天，全球的粮食增长总是落后于需求，可供开垦的土地已基本上被垦完，我们正面临着缺少农业用地的压力。即使这样，世界各地的耕地仍不断地被转做他用。农村人口越来越多地向城市转移，使城市的扩展不断挤占农业用地。全世界城市人口所占比例预计会从1990年的43%，发展到2025年的61%。城市正处于为市民提供住房、就业、交通以及休闲场所的越来越大的压力之中，这一切都不能没有土地。

而且，工业化，这个持续的但非永远在城市发生的现象，正在很多发展中国家迅速扩大，因而需要更大量地挤占农田以便为工厂和一系列基础设施的建设提供用地。

另外，即使开垦有潜力可以开垦的土地，也会对环境产生灾难性影响。随着粮食增长总落后于需求趋势的增长，随着再扩大土地希望变得渺茫，土地的重要程度比以往任何时候都更加突出，所以我们必须对这种生命攸关的资源给予更大的优先保护，不乱占耕地。

勿随意钓鱼

江河湖泊等自然水域既是鱼虾栖身之地,又是水鸟觅食之所,特别是作为水陆交汇之处的"湿地",更是自然界生物多样性极其丰富的场所。鸟吃鱼,鱼吃草……作为地球食物链的一个个环节,物种之间有着自身的能量流动、信息传递、物质循环。这种关联是自然界长期演变的结果,一旦被超限度地破坏,就有可能破坏掉整个生态系统。

过去,人口稀少,以打鱼为生是正常的,但现在人口膨胀,如果再向江河投下"天罗地网",则会轻易地将自然界的鱼虾捕绝钓光;而且,人们许多时候钓鱼并非生计所需,而是仅为娱乐。为此,请喜欢钓鱼的人去养鱼池,那里有人工培育的鱼专供垂钓,不会耗竭,也不致影响自然水域的生态平衡。

江河是水鸟特别是一些鹤、鹮、鹭等大型涉禽赖以为生的区域,人类的垂钓结果可能使水鸟们无食可觅,并进而割断水生食物链。北京麋鹿苑内有几块水域,由于禁止钓鱼,鹭鸟翔集、野鸭戏水、一派生机，游人每见此情此景，无不心旷神怡。可以想象，若是所有的鱼儿都被人类捕杀殆尽，又将是幅什么样的景象？

另外，人们在水边垂钓，就不可能不闹出一点动静，这对本来习惯安宁的傍水而生的生物是一种难以忍受的骚扰，它们的生活规律可能因此而被破坏，有可能会被迫迁徙甚至死亡。因此，人类最好还是在自己的领地里活动，不要去打搅动物们的安宁。

避免旅游污染

旅游污染是当今重污染之一，它是旅游业的发展所产生的，或是旅游地不合理的开发建设所造成的旅游公害。后者又可区分为旅游开发的本身和非旅游开发建设造成的，统称为建设性污染。从污染的形态可分出有形污染和无形污染两大类。按污染者动机，则可视为有意的或无意的。从污染后果来看，有的是暂时而可以改变的，有的却是长期而难以挽回的。

有形污染系指人们的感官可以直接觉察的，如因旅游者文化素质低，或缺乏应有的社会公德，造成风景资源破坏、文物古迹损毁、环境卫生污染等。无形污染则指旅游者对旅游地带来的潜移默化的不良影响，它往往不易被人们觉察，但其后果却相当严重，有的甚至超过某些有形污染的危害。

在旅游区建造房屋、开山筑路、修建机场，使耕地被侵占、草地被毁、森林遭砍伐，生态平衡遭到破坏，更是致命的建设性污染。交通工具排放的烟尘、尾气、废油也会造成环境的严重污染。此外，在景区不适当地修建缆车索道，在古建筑旁或微尺度的风景山石之间修建造型、体积、色调极不协调的建筑，都会使景区意境破坏，也是一种建设性污染。

盲目追求旅游业的经济效益，往往会造成旅游污染，对该地区的环境、社会、经济均会造成严重危害。在旅游业发展战略制定、旅游区规划、旅游景点建设和旅游业经营管理中，应当提出防止旅游污染的对策和措施。而作为旅游者，我们外出旅游或野餐时，不但不应该留下垃圾，而且还应该捡捡地上的垃圾。手脏了，衣服脏了，环境却清洁了。亲自捡垃圾还能体会到扔垃圾容易，捡起来难，会使我们更珍惜美好的环境。

勿倒垃圾入江河

以前，向江河湖海倾倒垃圾是人类惯常使用的一种清理垃圾的方式，人们认为水体具有自洁功能，不会引起环境的恶化。同时，相对于垃圾的其他处理方式，将垃圾倒入江河湖泊所要花费的成本要低得多，几乎只在运输费用上有所投入。然而，利用江河来清洁垃圾并不会达到理想的效果，还会造成水体污染。

或许一个地区的水体遭到少量垃圾的污染，在经历长久的时间之后，会慢慢自我清洁。这种自洁其实是种稀释的过程，是以扩大污染范围来代替局部的污染程度。但世界是个整体，人类无休止的破坏，使得水体的清洁功能已经不堪重负，其污染程度让人触目惊心。

水体污染的危害是多方面的。首先，直接影响工农业用水及其产品质量。经过计算得出，2000年我国水污染经济损失为2320.07亿元，占全国GDP的2.39%。其次是破坏生态环境，造成渔业减产，并危害人体健康。如世界闻名的日本水俣病，就是因汞、镉污染水体而引起的严重公害事件。再次，水体污染进一步减少了可用水资源。据研究，每排放 1 立方米污水，就污染 14 立方米天然水。到 2010 年，全世界污水排放量已达到 6000 亿立方米，如不进行污水处理，势必污染大量天然水体，从而加剧水资源不足的矛盾，甚至导致世界性水荒。水体污染的原因是多方面的，但我们每一个人只要注意都可以对减轻这种污染有所作为。

不鼓励制作、购买动植物标本

标本采集制作是从欧洲文艺复兴时期兴盛起来的一种认识生物、鉴别物种的手段。当时人类对生物的认识很少，又缺乏必要的影像资料，标本是最为相对直观的资料，在生物学的研究、教学中有重要作用。制作标本也有利于学生们了解生物特征和生活习性，便于给学习者留下较为直观的记忆。但是，近年许多学生在野外实习时随意大量捕鸟、扑蝶、拔草、采花……对研究对象构成了破坏。

在自然环境完好、少数研究者只为研究目的采集标本时，采集标本对认识自然有益，也构不成对自然的破坏。如今，自然平衡已相当脆弱，大自然再也经受不起任何形式的破坏，它成了需要人类保护的对象，再随意采集标本自然界已经难以承受。要知道，标本制作仅是认识自然的一种手段，而非目的。既然来到野外，就应当就地识别或拍照，看标本远不如看活体效果好。

另外，一些商人以赚钱为目的，希望每个学校都建标本室，以做标本生意。把活的弄成死的，使无价之宝变成有价之货，这对野生动物又是一种灾难。而且有些不法商贩，利用现在标本稀有的特点，大肆哄抬物价，鼓动人们制作标本，特别是一些稀有物种的标本更加是让人惊为天价。物种的稀有造成了其标本价格的飞升，价格的高昂反过来又引起人类对那些物种的大肆捕杀，进一步加剧了物种的稀少，一步步走向恶性循环。

一些大博物馆、动物园有制作现成的标本栩栩如生，应鼓励大家尽可能到这些地方去观摩，而不鼓励自己去采集、制作和购买标本。

不进入自然保护核心区

　　自然保护区是依据国家相关法律法规建立的以保护生物多样性环境、地质构造以及水源等自然综合体为核心的自然区域。在这块区域内，人的各种活动受到不同程度的限制，以使这一区域内的保护对象保持无人为干预的自然发展状况。自然保护区不仅是一个国家的自然综合体的陈列馆和野生动植物的基因库，而且是调剂环境的主力军。

　　中国目前有各类自然保护区900多个，与全球其他的自然保护区一样，其功能区域分为实验区、缓冲区和核心区，核心区是保护的核心地带，是各种原生性生态系保存最完好的地方，是动植物最后的庇护所。

　　它的功能主要表现在以下几个方面：①自然保护区能提供生态系统的天然"本底"；②自然保护区是动物、植物和微生物物种及其群体的天然贮存库；③自然保护区是进行科学研究的天然实验室；④自然保护区是活的自然博物馆，是向群众普及自然界知识和宣传自然保护的重要场所；⑤自然保护区中可划出一定的地域开展旅游活动；⑥自然保护区有助于改善环境，保持地区生态平衡。

然而，现阶段的自然保护区的保护很大程度上有求于公民的道德自律。全社会避免了恣意的消费欲望，避免了不合理的消费要求，才可能从根本上避免经济发展中的不讲科学、只顾眼前利益和违法行为。也只有这样，才可能使全民的环保道德逐渐提高，从而使保护区最终能够在公众道德的保护下健康发展。应知，人类的生存有赖于动植物生命的延续。因此，请您怀着敬畏之心参观保护区，切莫闯入保护核心区。

控制人口生育

　　从地球史上看，人类与自然环境是紧密相关的，可以说是人口与环境变动互相作用的历史。在发展过程中，一方面表现为人口的存在和发展离不开一定的环境，环境质量对人口的数量、素质和分布等产生重要影响，一定的良好环境有利于人们子孙后代的繁衍，也有利于人口身体素质和文化素质的提高。

　　在科学技术高度发展的当代，对有利于人口身体素质和文化素质提高的环境要求更高；另一方面表现为人口的数量素质和结构的变动直接作用于环境，尤其是人口长期累进的增长，对环境的压力不断增大，从而导致不同程度的环境恶化，并最终影响到人类自身的生存和发展。

　　人口与环境是当今世界面临的重大问题中两个突出的问题，人们在实践中加深着对二者之间关系的认识。随着人口数量的增加和素质的提高以及技术的进步和手段的增强，人类在同环境大自然的搏击中取得一个接一个的辉煌胜利。今天，在某些领域自然只能听从人类的摆布，不过不要忘记，文明的每一次进步都是以人类自身的极大牺牲为代价的。人口增长就要毁林开荒，变牧为田，环境自然便以土壤沙化、气候变得恶劣报复人类；人类过度开采煤、石油等化石燃料，能源直线上升，环境自然便以"温室效应"、酸雨和臭氧空洞报复人类；人类加速推进工业化，环境自然便以大气、水、土壤质量的全面下降，污染的加重和大量生物的死亡报复人类。

　　人口的恶性膨胀是地球最大的灾难之一，它将危及整个人类的生存。尤其是我们国家人口基数大，资源相对匮乏，更难承受人口过重的压力。因此，我们应该规劝超生者，少生孩子。

观鸟与关鸟

鸟是地球上的主要成员，也是人类的朋友，具有重要的生态价值。它们在抑制害虫过度繁衍、传播植物花粉种子、清除有机物污染等方面所起的作用，是其他生物不可代替的。鸟还具有较高的审美价值，它们以其优雅的姿态、绚丽的羽色和婉转的啼声，给大自然增添了无穷的情趣。

中国是世界上鸟类资源最为丰富的国家之一，中国有2000多年观赏鸟、研究鸟的悠久历史。但国人的爱鸟也有走向误区的一面，那就是流传千载的用笼养鸟之风。近年来，随着对野生动物保护的加强，公开杀鸟捕鸟的行为有所减少，但以笼养鸟用于观赏者仍大有人在。

客观而论，无论是从鸟本身还是从养鸟人的角度出发，用笼养鸟都是有害而无益的。笼养令鸟与栖息环境隔开，发挥不了它们捉虫逮鼠维护生态平衡的作用。笼养把鸟囚禁于栅栏之间，扼杀了鸟儿正常觅食求偶随意舒展的天性。笼养使鸟与人近距离接触，人与鸟都易患一些相互传染的疾病。用笼养鸟既不符合"人道"，更不符合"鸟道"。

如果你真心爱鸟、喜欢观鸟，就应该让世间万千的鸟儿，冲出狭小的鸟笼，在广阔的天空中自由翱翔，在广袤的大地上自由追逐，在广大的林间自由鸣唱。飞至你的果园不要撵它，闯入你的花圃不要逗它，误进你的房间不要捉它，落到你的肩头也不要扰它。清人郑板桥说过："欲爱鸟莫如多种树。"这真是一言道破爱鸟真谛。我们只有多植树种草，保护好生态环境，才是真正的爱鸟护鸟，才能更好地观鸟赏鸟。愿所有鸟儿解除羁押、走出牢笼、回归自然自在地生活，愿"鹰击长空，鱼翔浅底，万类霜天竞自由"的景象长盛不衰。

不干扰野生动物的生活

动物，顾名思义就是好动的生物。只要环境适宜，任何地方都会有动物光顾，而且它们将给人类的生活带来乐趣。

十几年前，北京玉渊潭飞来一对疣鼻天鹅，美丽的大鸟是被这美妙的环境吸引，才从高空降落到粼粼碧波之上的。但正当它们优雅地游弋，水面上划出两道涟漪之时，突然一声枪响打破了这诗画般的意境，雪白的羽毛染上殷殷鲜血——一个贪婪的偷猎者打死了这对夫妻中的雄性，雌天鹅仰天长啸，哀鸣而去。一个圆满祥和的天鹅之家从此破镜难圆。

由于人类的大规模猎杀，自然界中的野生动物已经越来越少，野生动物的生存环境已经被破坏殆尽，人类成了所有野生动物共同的天敌。因此，我们在动物眼中的形象有些恐怖。动物有腿能跑、有翅能飞、生性活泼，可谓"万类霜天竞自由"，可我们许多人往往贪婪、野蛮，见到自由的动物就想将其抓起来，甚至吃掉，表现出强烈的占有欲。

古人云："有志者虚怀若谷，有力者耻于伤人。"人类并不是地球唯一的主人，任何动物都有其生存的权力。人类利用自身千万年积累的知识而变得强大，如果因此认为就拥有了凌驾于其他动物之上的权力和能力，对动物大肆侵害和捕杀，人类总有一天要自食其果，在孤寂中灭亡。善待动物就是善待我们自己。

善待公共饲养区的动物

2001年10月,合肥野生动物园刚刚从外地引进了两只黑猩猩。一天,工作人员发现合肥某单位一位职工用塑料袋裹着食物投向正在觅食的黑猩猩,待工作人员反应过来,一只黑猩猩已经将塑料袋吞入口中。工作人员随即将这位职工带到派出所。幸好,两天之后,饲养人员在黑猩猩的粪便中发现塑料薄膜。这位负责人表示,动物在吞食异物之后,有可能发生肠梗阻,从而危及生命。

大多数游客还是能够遵守动物园的规定,不会采取一些过激的行为来虐待动物的,但游客打砸动物,向动物投放不洁食物和异物的现象并不少见。被人们关养的动物由于身陷囹圄、失去原生环境,往往很不幸福,多患抑郁症或神经质。我们在参观动物园、饲养区或保护基地时,应怀怜惜之心,不宜大呼小叫,不宜以过分的和突然的动作、以恶作剧恫吓动物。人有休息的需要,动物也有打盹的时候。很多人往往一看到动物休息就不悦，只希望动物随时给自己展现身姿、表演动作，也不顾人家是否疲倦。这是将自己的快乐建筑在别人的痛苦之上的非礼行为。

有人以为喂喂动物表示一下爱心总可以吧，错了！随便投喂只会给动物带来伤害。人工饲养的动物往往运动量小，进食过多或摄入高脂肪、高糖度的食物会使其身体发胖，从而影响体质和营养均衡，甚至影响正常繁殖。随意投喂，还容易传染疾病。因而，接近动物时，请文明观赏或拍照，让人与动物相互都留下美好的印象。

不虐待动物

人类也是动物，只是由于其社会属性高度发达、智商较高才居于众生之首。人类既然具有生存的权力，动物也应该具有。现在人类不仅人口膨胀，而且欲壑难填，肆意对大自然中的其他生命生杀予夺。人类对其他生物的态度实际是现代人类生存状态的真实写照。

我国古代文化追求"天人合一、仁爱及物、慈悲为怀……"主张人与万物的和谐，反对任意杀戮、虐待动物。人类的发展史也是驯化、利用动物的历史。动物为我们提供饱暖之需、精神安慰和身心享受。可以说，动物满足着人类的生活。所以，我们应怀虔敬之心、感恩之情对待动物。确实必要时可以利用，但不可虐待、折磨、欺辱动物。

前不久，媒介披露一些地方开设射杀动物的见血娱乐活动，拿动物的痛苦取乐，从动物的哀鸣、挣扎、抽搐、流血中寻求刺激。有人说这叫兽性大发，其实这种超出生存所需的嗜好是所有野兽所望尘莫及的，是人类行为的变态。很多人或许不会故意如此对待动物，但在日常生活中，我们往往会忽视动物的感觉，而在无意之中对动物造成实质性的伤害，比如随意地踢打猫、狗，采取残忍的行为屠杀牲畜等等。

从对待动物的态度，往往能衡量出一个人甚至一个民族的文明程度。作为拥有五千年悠久文明的中国人，虐待动物不仅仅是体现出个人道德败坏的事情，更会给国家、民族带来耻辱。

不残害动物

野外活动中,我们常常见到一些设在山林中的钢丝猎套等,有的动物因被套太久而死于非命,每见此状,我们都应拆毁这些套子。

古人讲:君子有好生之德。捕杀野生动物既是谋财害命,又是对生态平衡的破坏。每年春秋候鸟迁飞之季,总有见利忘义者设黏网翻笼诱捕,然后大批地贩往鸟市或餐馆,牟取暴利。而且其中有许多被诱捕到的鸟并未被取走,而是无端地死于非命。我们对自然生灵的态度常常是征服、利用、满足口腹之欲,但这种可有可无的口腹之欲终将影响到人类最基本的口腹之需。

自然界的一切动植物都各有其存在的价值和意义。鸟以虫为食,鸟少了,虫就会泛滥成灾,危害植物,使农作物减产。穿山甲被人类大量捕杀后,白蚁失控,对森林、住宅、家具、堤坝等无孔不入,祸害无穷,这完全是人类自食苦果。本来一一只穿山甲可控制250亩林地，使其免受蚁害，人类却视其为美味，残忍地将之剥鳞、肢解、吞食。如若人类自身受到这样的残害又会是一种什么感觉呢？或许有人会说野生动物当然不能和人相提并论，但这不过是人类想当然得出的结论罢了。

请大家记住唐代大诗人白居易的这句诗吧"谁道群生性命微，一样骨肉一样皮"！在以后的生活中，希望广大朋友在对待动物时，学会换位思考，想象动物的感受，这样或许会少发生一些残杀动物的行为。

不捡拾野禽蛋

鸟蛋是鸟类未出世的后代，是鸟类繁衍后代的基础。在我们的周围居住着众多的鸟类，它们和人类和睦相处，互惠互利，是人类的朋友。由于它们的生活习性，许多鸟类将蛋产在建造在树上或者草丛里的窝内。而由于人类活动范围的不断拓展，鸟类的生存空间急剧缩小，它们的蛋也经常处在了人类威胁的范围内。

某少年宫组织学生搞动物保护夏令营，其中一项活动竟然是收集野鸭蛋。当有人去制止时，组织者解释说：捡完都要收归公有。请大家思考一下，捡拾野鸭蛋无论归谁，结果不都是母鸭失去后代吗？

这不是原有意义上公与私的小关系，而是人与自然的大关系。鸟类以产卵的形式繁殖后代，就像人生孩子一样。母鸟需将鸟蛋孵化很长时间才能迎来雏鸟破壳而出的日子，如果你无情地将她的蛋捡走，不就等于夺走人家的孩子吗？这些蛋无论归学生个人做纪念，还是上交集体归于公，都同样给母鸟带来了丧仔之痛。而且，一般人并不拥有人工孵化的设备和技术，鸟蛋在他们手上就预示着一只小鸟的死亡。应知，野生禽鸟并不依赖你而生存，既然你没有去哺育、饲喂它们，就更不该不劳而获地抢夺人家的"胜利果实"。切记，鸟做妈妈也不易，不要捡拾野禽蛋。

保护青蛙

我们都知道,青蛙以农业害虫为食。通过观察知道,无论是能飞的螟蛾,善跳的蝗虫,躲在叶卷里的稻苞虫,钻进棉桃里的棉铃虫,隐藏在地下洞穴里的蝼蛄,只要它们一出来活动,青蛙就会立即捉住它们。青蛙捕食的农业害虫,种类多、数量大。据统计,一只青蛙每天大约吃60多只害虫,从春季到秋季的6、7个月中,一只青蛙就可以消灭一万多只害虫,这个数字是相当可观的。

"稻花香里说丰年,听取蛙声一片",这是南宋著名词人辛弃疾所著《西江月·夜行黄沙道中》一词中千古不朽的名句。800多年前的古人就懂得蛙多,虫害就少,水稻就能丰收的道理。21世纪的今天,我们更应懂得,青蛙是农业害虫的天敌,对人类益处很大,我们必须保护大自然中的青蛙。若捕杀青蛙就会引起农业害虫的大量繁殖,随之就必须大量施用农药消灭害虫,这样不仅破坏了生态平衡,而且污染了环境。因此,严禁捕食青蛙，保护天敌是生物防治农业害虫，保证农作物正常生长发育，节约农本，保护环境的有效措施。对那种贪小利，致大害的捕蛙行为，应予严禁。

另外，吃青蛙有碍身体健康。蛙肉中常常寄生一种曼氏裂头绦虫，其幼虫可随着人们食用蛙肉而进入人体的软组织和内脏，三周后便能发育成一米左右的成虫，使寄主腹痛、呕吐，软组织发炎、溶解、坏死，严重的还能导致瘫痪或失明。另外，由于农田中施用了大量农药，毒素在昆虫体内聚集，蛙吃虫后，又进一步将其富集于蛙体。据卫生部门测定：蛙肉内的有机磷含量是猪肉的31倍，农药残存物毒性大大超过猪肉，以致近年频频出现畸形蛙。

中国有一句农谚："蛙满塘，谷满仓。"因此，不论从保护动物、农业生态，还是从身体健康方面看，食用青蛙都是错误的。

拒食野生动物

野生动物是人类赖以生存的生态圈中不可或缺的一环，大量捕食野生动物，会导致地球生态系统中食物链的破坏，打乱生态系统中暂时的动态平衡，给人类带来危害。

据报道，1999年黑龙江省有1/5的耕地发生灾害，粮食损失达10亿千克。农业部门实地调查发现原来是老鼠在作怪，许多地区鼠密度已远远超过防治标准。森林的减少和人类的捕杀导致鼠类的天敌——猫头鹰、黄鼠狼和蛇类等大量减少，使老鼠相对安全，到处繁殖，与人类抢粮食。

研究发现，野生动物与人类共患的疾病有很多：狂犬病、口蹄疫、脑炎、流行性感冒、结核、肝炎、肝癌、寄生虫病等。不经检验盲目食用野生动物，会给人体健康造成危害，甚至危及生命。艾滋病最早就是来自绿猴。据专家介绍，蛇患病率最高，蛇胆和蛇血当成补品兑酒生食，最易染病。有些人喜欢食猴肉，甚至生食猴脑，而10%～60%的猴携带B病毒，染上B病毒口眼溃烂很快不治。人们食用的野生动物大都未经过检疫，野生动物体内的疾病极易传染到人的体内。人们还弄不清楚的一些病毒，可能正隐藏在我们猎食的动物身上。

现在，全世界每天有25万人诞生，同时有近100个物种与地球永别。生物多样性是一个相互依存相互制约的平衡，人类保护野生动物的关键正是维持这种平衡。因此，革除饮食文化中嗜食野生动物的陋习，势在必行。

不购买野兽毛皮制作的服装

有人说，每张野兽毛皮背后都可能是一桩谋杀案。这话听似恐怖，但仔细琢磨，绝不过分。因为每只野兽只有一张皮，"与虎谋皮"难道还能留得虎命吗？现在，一些人追逐所谓的时尚（其实早已落伍），对野生生命却冷漠无情，常常做出谋夺动物毛皮的勾当。

有这样一个故事：一个女孩的母亲买了件狐皮大衣，却引起女儿伤心的联想，因为书上说，母狐每产5～8只幼狐。她便作了一幅画，画上有一群可怜巴巴的小狐狸张着大嘴向女孩哭诉：你妈妈为了穿狐皮大衣，把我们的妈妈杀了！后来，这幅画被选入国际儿童环保绘画比赛，组委会特为它印制了海报。海报上有一行醒目的大字：你的妈妈穿了一件裘皮大衣，100多只小野兽却失去了妈妈！可想而知，穿野生动物毛皮制作的服装，其背后是多么悲惨的情境呀。

目前，全球很多文明国家都开始抵制兽皮服装，这是人类生态道德意识觉醒的表现。但同样还有许多人热衷于穿戴皮毛制品，他们的行为正在刺激着皮毛市场，使得皮毛价格一路攀升，也进一步将那些野生动物推入危险的禁地。所以，我们每一个人不但要不穿野兽毛皮制作的服装，同时还要反对他人穿野兽毛皮制作的服装，形成一股保护动物的社会风气。

不购买野生动物制品

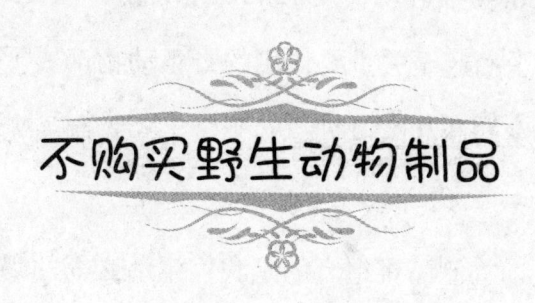

现在，几乎世界上所有的人都感觉到了一个严酷的现实：野生动物一种接一种地离人类而去。也许你不曾亲手屠杀过动物，但如果你购买了野生动物制品，你就变成了间接屠杀者。

许多野生动物遭到人们的商业性开发，由于被认为"皮可穿、羽可用、肉可食、器官可入药……"便被肆意捕杀，导致灭绝。如北美野牛、旅鸽等。据统计，全球野生动物年非法贸易额达100亿美元，与贩毒、军火并称为三大罪恶。

海狗因人类进补之需而血溅北极；藏羚羊因西方贵妇人戴"沙图什"披肩炫耀之需而暴尸高原；为向日韩出口熊胆粉，近万头熊被囚入死牢，割开腹部抽取胆汁；为取犀角使犀牛遭受"灭顶之灾"；为穿裘皮，虎豹都犯了"美丽错误"……为养宠物、为表演取乐、为医药实验……无数生灵都被列为"合理开发利用"的对象。

全球每年非法贸易灵长类5万只、象牙14万根、爬行动物皮 1000 万张、哺乳动物皮 1500 万张、热带鱼类 3.5 亿尾……对地球生态平衡起至关重要作用的野生动物都成了人们待价而沽、肆意开发的商品。可见，购买野生动物制品无异于鼓励谋财害命。

而那些动物制品难道真的是我们生活必需的吗？未必。现代科技发达，很多物品都有了合成的替代品，对于大多数物品我们已经不再依赖于从动物身上索取。可是为什么很多人还是这么热衷于动物制品呢？其中不过是虚荣心在作怪罢了。

不鼓励买动物放生

捕杀贩卖野生动物是暴殄天物的作孽之举，很多人对这种行为嗤之以鼻，不屑与之为伍。还有些人把一些动物用来放生，以显示自己的慈悲。但买动物放生就算普度众生了吗？不是。这是一种变相的助纣为虐。

一些好心人常在市场上买动物放生，以为救助了动物，其实他被动物贩子利用了，由于存在买家，动物贩子就会变本加厉地不断将自然界中本为自由的动物推向市场，大赚其钱。买赎放生者不了解这些动物的来源和该去之处，找个地方一放了之，任其自生自灭，这便出现了"好心办坏事"的结果。购买野生动物既违法，又变相鼓励了动物贩子捕捉动物，使动物从原来适宜生存之地"妻离子散"，又被天各一方地放到陌生之地，无食物、无栖所、无伴侣，或被天敌吃掉、或饥寒而死。这便是随便买动物放生的恶果。

一些长期人工饲养或非本地土生土长的动物更不宜贸然放

生，这会加速被放生动物的死亡，或给本地生境带来危害，如传播疾病、生态失衡等。看到有人贩卖野生动物应及时举报，设法制止，若需放生，应先进行科学论证，考察放生地的生存条件、天敌及生态容纳程度。最终不去干扰动物，才真是普度众生。

最好的做法是我们不要去干扰动物的生存，保持它们原有的生存状态，那才是真正的大慈大悲。

不围观街头耍猴者

人与其他动物都生存在地球，应该互相尊重。街头耍猴是常有的事情，但是大家是否想过这种行为的背后是什么？耍猴是旧社会传袭下来的一种陋习，是以牺牲动物尊严为代价博取街人浅薄一乐的低级趣味。

这种行为同时也是非法的。因为所耍之猴多属猕猴，是国家二级保护动物，既然是保护动物，就不允许利用它搞经营活动。猕猴也有很多受到虐待，耍猴者常靠鞭挞、吆喝等使猴子就范，做出各种与其习性不符的类人动作。这不仅对这些可怜动物的生理、心理造成巨大伤害，而且对围观者，特别是青少年产生负面影响，使其对冷漠无情、以强凌弱等熟视无睹，甚至取乐助威。

除了耍猴之外，还有很多动物都受到了同样的虐待。比如杂技团里的大象、马、狮子、狗熊等，他们本来是属于大自然的，却被囚禁起来，违背自身本性地做着各种动作来逗笑人类。

那些行为都是在驯养师通过鞭打、饥饿等种种威胁手段逼迫他们养成的。

　　希望大家以后不要观看耍猴，也不要观看其他类带有明显虐待动物性质的杂耍行为，不要无意间支持了他们的虐待动物行为。我们人类与猴子同属灵长类，"本是同根生，相煎何太急"。一些人如此热衷于羞辱生命、调戏生灵，这恰恰印证了西方的一句箴言："人类是唯一会脸红，也该脸红的动物。"

顺应动物习性

有时我们看到这样的报道，林业公安机关截获一批走私野生动物，将受困动物送回原地放生；可可西里反盗猎武装千里出击，打击偷猎藏羚羊团伙；某地自觉退耕还林，保护野生动物的栖息环境；一少年举报某餐馆吃野味，执法人员及时赶到，将野生动物从刀斧下解救……这些善勇之举救危扶困于水火之中，是真正在保护野生动物。

有人自称爱动物，自以为是乐善好施，到动物出没之地去投喂，殊不知，野生动物被喂惯之后，心理、行为变异，会变成"乞丐"，失去自然觅食能力。大家都知道四川峨眉山猴子会"拦路"抢劫，你若不给食物就会有个别猴子翻脸急眼，我们便称之为流氓、强盗，还处治了一些凶悍之猴。要知道，这些猴子世世代代栖息山林，除了严冬到寺庙讨点儿食物外，从来都是自食其力，与人无争，是香客和游人惯坏了它们。

除此之外，很多人盲目地根据人类的心理，安排一些服务

举手之劳的环保小事

供给动物"享受",比如有人带着自己的爱犬去按摩,要求按摩师也给爱犬同样的服务。殊不知其爱犬并没有感受到舒服,反倒觉得很痛苦。

动物有自己的生活方式,这些生活方式是它们在成千上万年的进化过程中慢慢形成的,有利于它们的生存。人们盲目地以小恩小惠对动物进行"物质引诱"和"精神污染",这哪是爱动物?简直是害动物!动物有难时热心帮一把,动物自由时切莫帮倒忙。

不把野生动物当宠物

野生动物就是在野外生长，不存在任何人为因素的自由自在之动物，它们属于大自然而非樊笼圈舍。有人以喜爱动物之由把它们抓起来，买回家关养起来，还顶着热爱动物之名。试想，这种"喜爱"是不是太残忍了，难道你喜欢谁就得把谁拴锁入牢笼吗？

人们常误认为野生动物缺吃少喝、风餐露宿很不幸。其实，这正是其自然性的要求，大自然的风刀霜剑对动物是天性之需，而人为地侵入其领地、破坏其生态、捕杀其个体、割断其交流、污染其饮食才会对其构成最大的威胁。人类一方面去破坏动物的自然生存环境，一方面又以假宠爱之名去捕养之，喂其以自己认为有营养但动物们并不需要或不爱吃的东西，将其囚禁于狭窄、肮脏之所，以致造成许多动物"不自由毋宁死"的悲剧。

把野生动物当宠物来养并非体现了人类的仁慈，它只不过是人类对自然占有欲、征服欲的表现。人类在给动物们安排各种"舒适"生活的时候，认为动物们一定会欣然接受，并且会感恩戴德，那不过是人类的一厢情愿罢了。同时，即便有些人十分善于饲养动物，能够将宠物们照顾得很周到，但是那些动物也必须通过泯灭自己的天性来适应这种"衣来伸手，饭来张口"的生活，将使得他们对人类产生严重的依赖性，而失去了它们作为自然界中的一种独立个体而具备的独立生存能力。试想，要是它们某一天被人类遗弃了，又将如何生存下去。让我们记住这句名言吧："我们不能支配自然，只能顺应她。"

修旧利废

进入新世纪，人类的生产能力又有了大幅度的提高，人们可以十分方便地更新生产生活用品。这些物品的更新极大地方便了人们的生产活动，提高了劳动效率，也提高了人们的生活质量，但那种过于频繁的更换、淘汰旧的物品，却造成了极大的浪费。

据统计，翻新一个旧轮胎比生产一个新轮胎要节约66%的能源，整幢建筑物的翻新整修比起新建一幢楼宇来要节约80%的能源，而且还相应减少与生产活动相关所必需的基础设施，特别是商品运输所需的基础设施。因使用与维修这些基础设施所产生的对环境的不利影响也相应降低。

在已饱和的市场上，如在高度工业化国家的市场上，一般而言，购买一件新产品就意味着淘汰一件已有的旧产品。而如果通过修旧利废，如果把产品的平均寿命延长一倍，相应的废弃物就减少一半，与产品生产、运输和废弃相关的不利环境影响也就减少一半。并且这一过程本身还可以产生较好的经济效益：一个翻新的轮胎、一台换件修复的马达或整修一新的楼宇，它们的成本仅为全新生产或建造它们的40%。

日常生活用品也是如此。对于日常生活中损坏的家居进行修补和重修上色，这不仅能够充分满足使用需求，还可以免除对原材料的掠取和重新制作、运输的麻烦。对过时的衣服进行一些简单的改装，不但免去了处理垃圾的麻烦，还锻炼了自身动手的能力，甚至还可以领导新的世上潮流。所以，修旧利废不仅是一个行为模式，还是一种新的生活思想，让人们学会从另一些角度考虑旧废物品的价值。

尽量使用可再生物品

可再生物品是指可以通过天然作用或者人工活动而能够回收再利用的物品。使用可再生物品可以大量节约能源。比如，完全用废铁制钢所耗费的能量仅为用铁矿石制钢的1/3；用再生纸浆制造新闻纸所用的能量仅为用纯木材纸浆的25%～26%；再生玻璃可比原产品节约能量1/3，用再生玻璃做饮料瓶可少用1/3的能量，而用可重复灌装的玻璃瓶则可少用90%的能量。

再生对于减少土地、空气和水的污染也是至关重要的。例如，用废铁生产钢可减少空气污染85%、减少水污染76%，并全然消除了采矿的废物、废铁在空气中氧化带来水土的污染；用再生材料造纸可减少空气污染74%、减少用水35%，又相应地降低了对森林的压力；使用再生玻璃可以大大地减轻大自然对玻璃废物的承受压力，同时可以在一定程度上减少塑料制品的使用，减轻了塑料制品对土壤、水体、空气的污染。

在未来的可持续经济中，工业材料将主要来源于当地的废物收集中心。在拥有稳定人口的成熟社会中，工业将主要靠该系统内部的物质供给原料，而不是靠系统外部不可再生资源的持续供给。

当然，人类对于某种资源的回收能力有赖于科学技术的发展。比如，人们以前就不知道如何回收废弃的木材，后来才懂得把这些木材打成木浆，重新加工成合成模板或者制造成纸浆。现在的有些看似无法回收利用的物品，在将来就未必不可行，现在就有科学家在研究如何回收塑料的技术，相信有一天一定会付诸实际生产。

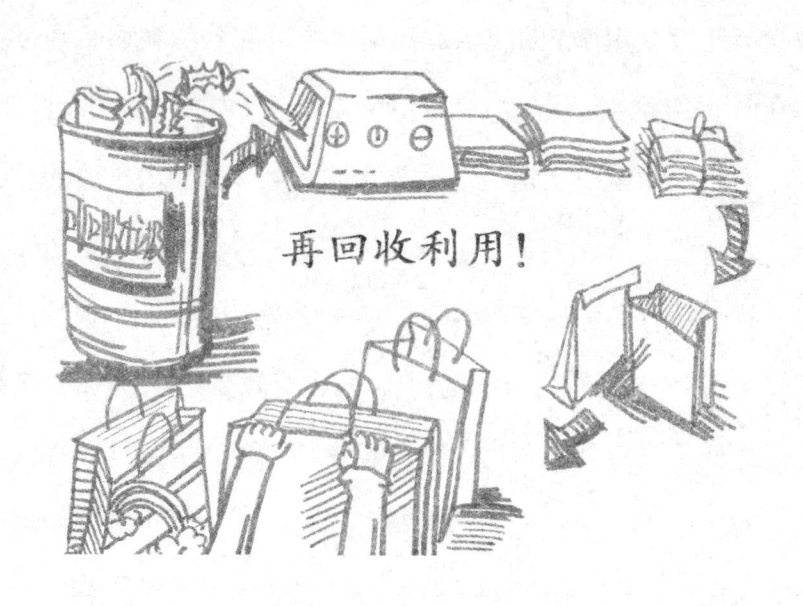

双面使用纸张

曾经有人这样预言过，电脑的使用将把纸张打发进历史的陈列馆。但事实正好与预言相反，美国每年耗用的书写与打印纸张从1956年的700万吨增加到了1986年的2200万吨，而且纸张用量有增无减。

我国每年造纸消耗木材1000万立方米，进口木浆130多万吨，进口纸张400多万吨，这要砍伐多少树木啊！纸张的大量消费不仅造成森林毁坏，而且因生产纸浆排放污水使江河湖泊受到严重污染（造纸行业所造成的污染占整个水域污染的30%以上）。

我国的森林覆盖率只有世界平均值的1/4。据统计，我国森林在10年间锐减了23%，可伐蓄积量减少了50%。云南西双版纳的天然森林，自20世纪50年代以来，每年以约1.6万公顷的速度消失着。当时55%的原始森林覆盖面积现已减少了一半。当然，纸张是可以再生的，但是废纸的再生过程也会产生大量的有害废弃物。

印刷用纸要回收再制,都必须经过一道脱墨手续,产生两大产品:一边是不含油墨、可以用来制纸的纤维,另一边则是大量的淤泥。再生纸通过一系列的使用而有所变化,从高质量的黏合纸到新闻纸到板箱纸,及至最后用做堆肥或在同一生产厂内作燃料。在这一过程中,纸张的物质性能是递减的。

因此,与其将纸张回收再利用,不如将纸张在第一次使用时就利用充分。我们知道,延长物品的使用寿命,可以降低资源流动的速度。将产品的使用寿命延长1倍,相当于减少了一半的废物。双面使用纸张,使纸张的使用量减少一半,当然也就减少了一半的废纸产出。

节省纸张，回收废纸

有时，我们会看到一些造纸厂污染环境的报道，甚至有些人现场亲历过。大量的污水使水体变得又黑又臭，鱼虾绝迹，两岸农田减产或绝收。生产纸张大部分以木材为原料，而木材的来源——森林是我们赖以生存的根本，是"地球之肺"，同时造纸还要污染环境，所以节约纸张就等于保护了我们生存的空间。

在我们每天繁忙的学习和工作中，留心一下准备扔掉的废纸，也许反面还能用。即使是没有空白的废纸也不要随便扔进垃圾桶。回收1吨废纸可以少砍17棵大树，再生产800千克好纸，减少35%的水污染，节省一半以上的造纸能源。

目前我国年消耗各种纸张3500万吨，北京市年消耗各种纸张350万吨，按废弃1/3计算每年就有110万吨，但目前北京市生产再生纸所消耗的废纸不足10万吨。造纸厂每回收1吨废纸，可造出好纸800千克，相当于节省木材3立方米，同时还可节水100立方米，节省化工原料300千克，节煤1.2吨，节电600千瓦时。如果一个厂的再生纸的年生产量为2万吨，每年可节约木材5.8万立方米，相当于52万棵大树，5200亩森林和大量的水资源和环境治理费用，这是多么惊人的数字啊！美、德等国家都以法律的形式强制造纸业必须使用一定数量的废纸做生产原料，并规定在政府机关办公用纸中必须有60%是再生纸。

我国的废纸回收率很低，每年都要进口废纸，仅1996年就进口了137万吨。我们可以把学校和家中的旧报纸、旧课本、废纸片等集中起来，送往废品收购站。在购买纸张时选择再生纸，用实际行动支持废纸的循环利用。还可以把废纸回收的好处告诉同学和父母，大家都来回收废纸。

垃圾分类回收

现在的垃圾被喻为是放错了位置的资源，终将有一天会成为可以使用的原料矿藏。然而，回收利用的原料或废料中的物质含量是一个关键因素，废品回收利用的价值随其物质含量的多寡而定。如果回收资源中的物质含量太低，收集的成本就会太高，如废钢铁、废塑料的分拣、运输的成本更高。混置为垃圾，分置为资源，许多垃圾因为没有分拣而不能再利用。

除此之外，垃圾分类还有利于处置有毒有害物。目前我国垃圾回收率低，自动化分拣设备少，分拣效果不理想。如果居民在日常生活中直接对垃圾进行分类，可以大大降低这些成本，提高资源回收的价值。

不久前，我们还沿袭着祖先传下来的对废物进行分类后卖给回收站的做法，使得我们生活中的各种废弃物都能够合理回收利用。大到各种机械部件，小到废纸、牙膏皮，各种物件都有专门的人挨家挨户地收集，并折算成现钱，让这种行为成为一种互惠互利的行为，具有了长久发展下去的动力。西方人曾对我们的这种行为赞不绝口，还向我们学习。而我们今天在物质消费的欲念中迷失了，看不起废品回收这点小钱了，把那么好的传统给丢了。

垃圾分类不是一件可做可不做的事情，而是势在必行。大家都应该从自身做起，敦促所在社区尽早建立垃圾分类体系，并且从现在开始就做些力所能及的分类工作，如将废纸板、废玻璃、废金属、废塑料等分类卖给废品回收者。

热衷旧物捐赠

在我国，绝大部分的生活垃圾经过无害处理便堆放于城外，生活垃圾的露天堆放总量已达2亿多吨。首都北京已经被垃圾山包围，近万亩耕地被垃圾占领。垃圾的转堆放、掩埋等处理过程要消耗大量的人力物力，且造成严重的环境污染，因而垃圾的处理是很重要的问题。对垃圾的处理应提倡从源头控制——垃圾减量化、简化包装、减少浪费。

我们的生活中经常有一些闲置不用或已经过时淘汰的旧电器、旧衣物等，这些东西仍然有继续利用的价值。如果当成垃圾丢弃，一方面是对资源的浪费，另一方面会给环境增加很重的负担。

我国还有很多贫困人口，他们的生活水平还很低。许多城里人认为用不着或者不想再使用的物品，或许对他们还有很大的用处，应该提倡把仍可利用的物品捐给贫困者。这样既可以改善贫困者的生活质量，又可以减少垃圾的数量。

我们的资源是有限的，这种方式实际上是使有限的资源得到最大限度地使用。我们应该推广这种做法，如可以在校园内设立旧物交换、旧课本再用的交流，推行重复利用活动，减少我们制造的垃圾，减轻对生态环境的负担。

　　值得庆幸的是，现在很多校园正在开展类似的活动。比如每年都会有很多高年级的学生将自己的旧课本半卖半送地留给学弟学妹，即将毕业的学生将自己不便带走的衣服棉被通过专门的学生组织转赠给贫困地区。这是一个好的开始，希望延续下去。

回收废弃电池

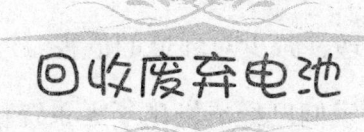

在日本中部，有一条叫神通川的河流，1955年后发现河两岸的一些地区出现一种怪病——骨痛病。该病发作时病人骨骼折断，弯曲变形，痛苦不堪，后期终日卧床，不停地喊疼，最终衰竭而死。尸体解剖发现，有的死者全身骨折多达73处，身长缩短30厘米。经过调查，原来是流入神通川的工业废水中的镉和汞所致。食用受镉和汞污染的水或食物，镉和汞就进入人体蓄积，阻碍骨骼对钙的吸收，使骨质软化、疏松。

这些镉和汞主要来源于废旧电池。当废旧电池被随意丢弃后，它们表面包装就会慢慢地被腐蚀掉，里面的汞、镉等金属和酸、碱等电解质溶液可能进入环境中，造成水体污染。虽然每节电池中含量很少，但十几亿中国人，如果其中1亿人每人每年用10节电池就是10亿节。电池腐烂后，有毒金属渗入土壤、水体积累，通过食物链进入植物、动物体，最后进入人体，导致严重的疾病。随手扔掉的废电池中含有的金属可能有一天就被自己吃下。为了防止电池对环境的污染，请找一个盒子放在家中或学校，专门收集废电池。到了一定数量再送到指定的回收地点，统一处理，减少对环境的危害。

近年来，科学家们已经研发出了无汞锌粉的绿色电池，工业发达国家的锌锰电池日趋向小型化、高功率化、高能化、无汞化发展，并开发成能全充放的碱锰电池。美国一家公司已推出可充碱锰电池，产品应用缓慢增长中。这种电池保持了原电池的放电特性，而且能再充电使用几十次至几百次（深充放电循环寿命约25次）。电池的改进或许会降低它们的污染性，但我们还是不能掉以轻心，还是应该坚持对电池科学地集中处理的习惯。

回收废弃金属

矿石（包括矿物燃料）是所有工业活动的第一原料，能源产品是人类在地球表面运输量最大的物质，由采矿引起的物质和水的搬迁量远远超过了所采原矿的数量，而原矿本身体积已经庞大无比。矿物的精炼和提纯过程中又产生了大量的废料，而这些废料，依据所用开采方法的不同，有时是有毒的。比如在美国，开采的铜矿含量为0.4%，而为得到1吨精炼铜，需要开采和处理100万吨矿砂，再加上废料将随开采贫矿脉而相应增加。矿砂品位越低，废料数量和迁移物质数量越大，用以移动和处理它们所需的能源也就越多。

金属资源有限，回收再造，可延迟金属资源用罄的时间，亦可减少处理固体废物的问题。从矿石提炼金属可以产生大量空气污染物，例如，焙烧闪锌矿时产生有毒的二氧化硫，亦会引致酸雨。金属回收再造并无此弊处。金属回收亦可节省燃料和其他资源，通常熔化废金属所需的能量较从矿石提炼金属为少，耗水量亦较少。金属回收更可加强公众对自然资源保护的意识和关注。

　　为了避免开采矿石的巨大的环境损害，一定要回收废金属。与理论上最大可回收处理的比率相比，事实上金属的回收远远不足。即使不考虑技术、立法等因素，只要我们每一个人都有这种回收意识，就能够大幅度地提高废金属的回收利用率。

回收废弃塑料

塑料自发明以来人类对它的依赖已不可用语言来形容了，但随之而来的弊端也日益显露出来。它带来的危害之大，以至于让全人类都为之头痛，至今也没有找到行之有效的、高效率的处理方式，而它的使用量却在一天天地增长。有人甚至称塑料袋是"20世纪最糟糕的发明之一"。

首先，塑料性质稳定，难以降解。如果我们按传统的方式像沤肥、堆填等对塑料进行处理，它会静静地待在那里上百年不变。曾给人们带来方便的塑料袋满天飞，破坏了我们美丽的自然景观；被动物误食还会引起动物的死亡；埋入土壤中，不但长期不腐烂，而且影响土壤的通透度，破坏土质，使植物生长减少30%或更多。

另外，塑料的重量轻、体积大，填埋占地多，破坏土地资源，污染地下水；如果焚烧的话，会产生二噁英，它对动物毒性极大，使鸟和鱼类出现畸形和死亡，导致人体多种疾病，是强致癌物。

然而塑料回收后，可用做再生塑料的原料或可用于还原炼汽油和柴油（1吨废塑料可炼700千克左右的汽油或柴油）。虽然这项技术很好，但是塑料的使用量很大，而且价格便宜，回收的利润量很低，再加上回收后提炼的燃油量也不是很多，塑料回收难而无法大规模推广使用。但是既然废塑料流入自然界危害巨大，变废为宝却能产生能源，无论这种功效是多么的微小，我们都应该提倡。

回收废玻璃

我们可以巧妙地利用废物来让有限的资源延长寿命。全球性的生态危机使人们不得不考虑放弃"牧童经济",而接受"宇宙飞船经济"观念。前者把自然界当做随意放牧、随意遗弃废物的场所,后者则非常珍惜有限的空间和资源,就像宇宙飞船上的生活一样,周而复始、循环不已地利用各种物质。

我们通常把废弃的东西称为垃圾,其实仔细想想,垃圾是一种被放错了位置的资源。在废弃物这种放错了位置的资源中,有很多是极容易加工再利用的,比如废玻璃。

一般情况下,只要对废玻璃进行简单的分类和清洗,就可以重新炼制成新玻璃。在这一过程中,转化率可以高达70%~80%。由于在一般条件下,玻璃化学性质和物理性质都十分稳定,如果任由废玻璃随处堆置,则会成为最难处理的垃圾种类之一。另一方面,玻璃同样因为具有稳定的化学、物理性质,而能够轻易地从其他的垃圾中被筛选出来,冶炼也相当简便，属于回收利用率较高的物品之一。因此，在现在很多其他废品无人问津的情况下，玻璃还是能够保持较高的回收率。

现在大多数的玻璃回收集中在玻璃饮料瓶，而像某些装饰玻璃、器皿玻璃却因为数量较少、质地特殊而少有工厂回收，这是我们做得不够的方面。我们应该再接再厉，让所有的废旧玻璃都能够再度利用才是我们的最终目标。回收废弃物除了环保和资源的意义外，还可产生较好的经济效益，这也是如今绿色产业大有可为的一个依据。

避免产生有毒垃圾

以往，由于人口相对较少，生产力水平相对较低，所产生的废物量不是很多，高毒性废物更不常见。伴随着20世纪30年代的化学革命及其后的核工业，人类生产和制造了越来越多的有毒垃圾。

在所有的垃圾中，污染和危害最为严重的是有毒垃圾。这些有毒、易燃、易爆和腐蚀性的垃圾，不仅能在当时造成严重灾害，而且具有毒性和潜毒性的垃圾还能造成持久性的灾害。

有毒垃圾本身是污染物，但在风吹、日晒、雨淋等天气作用下还会从中释放出有害物质，从而加重对环境的污染，人们把垃圾中释放出来的有害污染称为二次污染。例如，塑料瓶、塑料袋焚烧时会产生有毒气体，这些有毒气体随风飘散，空气中二氧化硫、铅含量升高，使呼吸道疾病发病率升高，对人体构成致癌隐患。

由于工业有毒垃圾处理不当，垃圾中的毒性随着雨水的冲刷、渗透会污染河川、地下水。使河川、地下水中污染物含量超标，在水中的有益生物死亡或变种大量堆放，从而引发腹泻、血吸虫、沙眼，危害人们的健康。贵阳市曾痢疾流行，其原因是地下水被垃圾渗透，大肠杆菌严重超标。

另外，垃圾还能二次产生很多有毒的化合物，严重危害自然界中动植物和人类的安全，垃圾处于失去管理的状态下，就会像一个魔鬼到处危害环境和人类，所以我们提倡垃圾分类处理、降低毒素、垃圾减量和重复利用。

避免产生有毒垃圾

垃圾发电

据统计，我国被垃圾侵占的土地面积达5亿平方米，许多大中城市饱受"垃圾围城"困扰。垃圾中有毒有害物质挥发、渗透进入空气、土壤、河流中，对环境危害巨大。但垃圾并非只是带来麻烦的废物，处理得当垃圾将成为不断再生的资源。焚烧是目前国际通用、也是最有效的处理方式。经过焚烧，垃圾中的细菌、病毒比其他处理方式消灭得更彻底，各种恶臭气体被高温分解，烟气经过处理达标排放，对周边环境造成二次污染的几率很小。

焚烧可减少垃圾量80%~90%。减量、无害处理的同时，焚烧垃圾还能带来电、热等清洁能源。以2005年10月23日投入运行的广州市第一座生活垃圾焚烧发电厂——李坑生活垃圾焚烧发电厂为例。这座目前日处理能力达到1040吨的现代化生活垃圾焚烧厂，除了集中处理市中心区生活垃圾外，还能利用垃圾焚烧产生热能，年产生上网电量1.3亿千瓦时，可供约 10 万户家庭生活用电。而我国每年产生的城市垃圾约相当于 3000 万吨标准煤，约为目前全国标煤年产量的 2%。

此外，垃圾焚烧能节约大量土地。一个占地 1000 亩的双口垃圾卫生填埋场 8 年就得报废，还得重新征地再建。现在结合焚烧，这个垃圾填埋场可以运行 40 年甚至更长时间。全国城市每年因垃圾造成的损失近 300 亿元（运输费、处理费等），而将其综合利用却能创造 2500 亿元以上的效益。

由此看来，垃圾发电绝对有百利而无一害且前途一片光明，是利国利民的朝阳产业。

认识荒漠化

荒漠化是指气候变异和人类活动在内的种种因素造成的干旱、半干旱和亚湿润干旱地区的土地退化。荒漠上的危害从某种程度上讲，比洪涝、地震等自然灾害还要严重，它能摧毁人类赖以生存的土地和环境，直接威胁人类的社会经济发展的基础和空间。

导致荒漠化的原因除了气候变化外，主要是人类的非可持续发展行为，如过度耕作、过度放牧、毁林和落后的灌溉方式等。荒漠化降低了土地对气候变化的自我调节能力，生产力严重退化，不利于动植物生存，而且容易引起风沙、沙尘暴等灾害性天气。

我国是世界上荒漠化最严重的国家之一，目前全国荒漠化土地的面积已经超过现有耕地面积的总和。更为严重的是：我国的荒漠化面积正以每年2100万平方千米的速度递增，相当于每年减少两个香港的土地。据统计，我国受荒漠化危害的人口近 4 个亿，农田 1500 万公顷，草地 1 亿公顷以及数以千计的水利工程和铁路、公路交通设施等。从这些枯燥的数字中反映出的是惊人的严酷现实。每年的 6 月 17 日为"世界荒漠化日"。让我们共同努力，开展绿化种植，进行防风固沙，减少毁林开荒、过度利用等现象，遏制荒漠化的蔓延。

认识草原危机

广袤无垠的大草原，充满着无穷的能量——为畜牧业提供资源、固沙、防止水土流失和荒漠化等。然而，现实的草原状况却令人担忧。我国现有草地3.9亿公顷，仅次于澳大利亚，居世界第二位，但人均草地仅0.33公顷，约为世界平均水平的一半。我国草地质量不高，低产草地占61.6%，全国难以利用的草地约占总面积的5.57%；生产能力低下，分别为澳大利亚、美国、新西兰草地生产能力的1/10、1/20和1/80；退化严重，90%的草地已经或正在退化，其中中度退化程度以上（含沙化、碱化）的达1.3亿公顷，并且以每年200万公顷的速率递增。北方和西部牧区退化草地已达7000多万公顷，约占牧区草地总面积的30%。

造成这种危机的原因有过度载畜、过度放牧、气候干旱以及人为破坏，如搂发菜、挖药材、开矿和采樵等。正是由于不合理的利用方式，草原生态环境在不断恶化，这必将制约该地区草原畜牧业的可持续发展，影响牧民群众的生产生活，特别是草原生态环境的破坏直接威胁着人类的生存。我们应该积极宣传草地资源的危机，拒绝消费发菜等对草原生态造成破坏的产品，制止破坏行为，从科技角度提高草场的利用率。

认识我们的森林

森林的作用可以与粮食相比媲，主要表现在森林提供了人和动物呼吸的氧气，吸收工业和生活排放的二氧化碳；森林调节地表径流，涵养水源，避免水土流失；森林减低风速、吸附尘埃、吸收硫化物等有毒气体；城市绿化带消纳噪声，降低噪声污染；森林是地球上生命最为活跃的保护生物多样性的重要地区。

然而，森林正在迅速消失。如果失去森林，地球生态系统就会崩溃，人类就将无法生存。我国现有森林1.34亿公顷，居世界第5位，但森林覆盖率仅为14%，远低于世界平均水平的27%，居世界第104位，属于森林资源贫乏的国家之一。另外，我国森林质量不高，中幼龄树比重大，约占全国林场面积的71%，人工林中的中幼龄树比重高达87%；森林资源分布不均，西南、东南、东北多，西北、华北少；森林资源破坏严重，乱砍滥伐屡禁不止；森林灾害频繁，如虫害、风沙等。

正如100多年前，恩格斯对当时不顾后果、破坏森林的行为所说的那样："不要过分陶醉于我们自然界的胜利。对于每一次这样的胜利，自然界都报复了我们。各地居民为了得到耕地，把森林砍光，但是做梦也想不到这些地方竟因此成为不毛之地，因为他使这些地方失去了贮存水分的中心。"正是因为失去了森林的保护，黄河上游才出现了土质沙松，水土流失严重，泥沙淤积，黄河断流时间逐年延长，致使两岸农业、工业用水缺乏，甚至出现许多工厂因缺水被迫停产的悲剧。

我们离不开森林，让我们认识到现实的严峻，从重复利用纸张、拒绝使用方便筷开始，保护我们的森林。

保护我们的海洋

大家都知道，地球表面覆盖着 71% 的海水。大海带给我们丰富的水产资源，天然的化学资源，航运、旅游资源，石油、天然气、有色金属、稀有金属等等资源，潮汐、温差等洁净能源，向我们展示了一个奇妙的海洋世界。然而，我们的海洋却面临着严重的来自人类的破坏。

人们把大海当垃圾场，把陆地垃圾投入海洋；冶金、石油、化工、造纸等企业向海洋中排放污水，造成严重污染。比如我国渤海湾有大面积的海水已经成为没有任何生物的死海；海上连年发生赤潮，使渔业生产遭受严重损失；近海海泥中和生物体内富含铅、锌、汞、镉、铜等重金属元素，严重危害人类健康及生存环境；人类的过度捕捞，还造成了严重的渔业资源匮乏，鱼越来越少、越捕越少、越捕越小。这些都向我们敲响了警钟。

拯救海洋即拯救人类。我们要保护海洋，不但要保护海洋资源，还要保护海洋生态系统。海洋生物环境是一个包括海水、海水中溶解物和悬浮物、海底沉积物及海洋生物在内的复杂系统。要保护海洋，首先要制止对海洋生物资源的过度利用，其次要保护好海洋生物栖息地或生活环境，特别是它们洄游、产卵、觅食、躲避敌害的海岸、滩涂、河口、珊瑚礁，要防止重金属、农药、石油、有机物和易产生富营养化的营养物质等污染海洋。保持海洋生物资源的再生能力和海水的自然净化能力，维护海洋生态平衡，保证人类对海洋的持续开发和利用。

生活在海边的读者可以调查一下你周围向海洋排污的现象，观察一下被海水冲上岸的垃圾，向老人询问渔业资源的历史和现状，在了解海洋的基础上去关心和保护海洋。

认识国家重点保护动植物

　　中国是世界上生物种类及资源最丰富的国家之一，野生动植物资源十分丰富。据不完全统计，仅高等植物就有3万余种，约占世界高等植物总数的10.5%，仅次于马来西亚和巴西，居世界第三位。

　　由于人口持续增加和工农业生产的发展等多种原因，导致野生动植物资源遭到严重破坏，一些野生动植物因生活环境恶化，数量锐减而濒临灭绝的境地。据世界《红皮书》统计，20世纪有110个种和亚种的哺乳动物和139全种和亚种的鸟类在地球上消失。现在，全世界还有5000多种动物和上万种植物正濒临灭绝。

　　专家估计，我国3万种高等植物中至少有3000种处于濒危境地；脊椎动物受到生存威胁的有433种，灭绝和可能灭绝的有10种。为保护生态平衡，我国先后公布了珍稀濒危保护动植物名录（即国家重点保护动植物名录），并颁布实施了《野生动物保护法》和《珍稀濒危植物保护条例》等法规，使我国野生动植物保护事业走上了法制化、规范化的轨道。据1996年颁布的《中国的环境保护》白皮书统计：我国共有612种国家级珍稀濒危动植物被列为重点保护对象，其中野生动物258种、植物354种。

这些生物都处于即将灭绝的边缘，或许某一天就从地球上消失了，人类应该加紧保护它们。这些动植物分布在我国各地，或许大伙的家附近就可能找到一些。因此，要做到有效地保护它们，我们就应该先认识它们。记住它们的形貌与名称，了解它们的习性，为将来帮助它们打下基础。

认识我们的水资源

水在地球上是分布最广的物质，是人类环境的一个重要组成部分，以气、液、固三种聚集状态存在，地球水的总量约有136000万立方千米，即接近于14亿立方千米，如果全部铺在地球表面上，水层厚度可达到约3000米。

海洋中聚集着绝大部分水，占地球总水量的97.2%，它覆盖着地球表面70%以上，陆地上到处都分布着江河湖泊，这些地面水总量约为23万立方千米，其中淡水约占一半，只占地球水总量的万分之一，地下土壤和岩层中含有多层地下水，总量估计有840万立方千米，在高山和冰冻地区还积存着巨量冰雪和冰川，占陆地水总量的3/4，天空大气中总是流动着大量的水蒸气和云。

在动植物机体中也饱含水分，例如，大多数细胞原生质内含水分约80%，人的体重有65%是水分，黄瓜的重量中水竟占约95%。即使在矿物岩石结构中也包含了相当量的结晶水。

由此可见，水在地球上几乎是无所不至，确实是一种分布极广的常见物质。

它在整个自然界和人类社会中发挥着不可估量的巨大作用，然而水体却在遭受污染。据统计，据对我国七大水系和内陆河流的110个重点河段统计，符合《地面水环境质量标准》一二类的占32%，三类的占29%，属于四五类的占39%，主要污染指标为氨氮、高锰酸盐指数、挥发酚和生化需氧量；大中城市的下游河段普遍受大肠菌群污染；城市地面水污染普遍严重，并呈恶化趋势；在统计的136条流经城市的河流中，符合地面水二类标准的有18条，三类的有13条，四类的有37条，五类的有17条，超五类的有51条；影响城市河流水质的主要污染指标是石油类、挥发酚、氨氮、生化需氧量、总磷等。大家不妨留心了解一下家乡的水体分布和污染状况，并告诫周围的人，以增加大家的环境危机意识。

了解绿色食品的标志和含义

我们的生活和经济不断地飞速发展，我们赖以生存的生态环境也遭到了前所未有的破坏和污染，给人类的健康和生存带来了严重威胁。为了保护人类的身体健康，避免受污染食品的侵害，无污染、安全、优质、富含营养的绿色食品应运而生。我国的环境标志制度从绿色食品开始。绿色食品的产地必须符合生态环境质量标准，必须按照特定的生产操作规程进行生产、加工，生产过程中允许限量使用限定的人工合成的化学物质，产品及包装经检验、监测必须符合特定的标准，并且经过专门机构认证。绿色食品是在特定环境里，按照特定要求生产加工、使用特定标志的食品，又称生态食品。

我国的绿色食品标志由阳光和蓓蕾的图案组成，这一标志象征着良好的环境和盎然的生机。市场上较为常见的一种为：在包装的左上角有一圆形图标附带一绿色横条贯穿整个包装，绿色横条上有"绿色食品"四字，在圆形标志下面印有：编号

举手之劳的环保小事

"LB-**-**********",其中,LB是绿标的拼音首写字母,随后的两位数字为产品类别号,接下来的十位数字,第一、二位代表认证年份,第三、四为代表国别,中国的代码为01,第五、六位代表省份,接下来的三位数字代表当年的序号,最后一位仅能为1或2,1代表A级,2代表AA级。"来自最佳生态环境,带来最强生命活力"——已逐渐为公众所熟知的这两句广告词,便是对绿色食品标志的最好解释。

认识环保标志

环境标志亦称绿色标志、生态标志，是指由政府部门或公共、私人团体依据一定的环境标准向有关厂家颁布证书，证明其产品的生产使用及处置过程全都符合环保要求，对环境无害或危害极少，同时有利于资源的再生和回收利用。

环境标志工作一般由政府授权给环保机构。环境标志能证明产品符合要求，故具证明性质；标志由商会、实业或其他团体申请注册，并对使用该证明的商品具有鉴定能力和保证责任，因此具有权威性；因其只对贴标产品具有证明性故有专证性；考虑环境标准的提高，标志每3~5年需重新认定，又具时限性；有标志的产品在市场中的比例不能太高，故还有比例限制性。通常列入环境标志的产品的类型为：节水节能型、可再生利用型、清洁工艺型、低污染型、可生物降解型、低能耗型。

环境标志制度发展迅速，从1977年开始至今已有20多个发达国家和10多个发展中国家实施这一制度，这一数目还在不断增加。如加拿大的"环境选择方案"(ECP)、日本的"生态标志制度"、北欧4国的"白天鹅制度"、奥地利的"生态标志"、"法国的NF制度"等。

　　我国的环境标志图形由青山、绿水、太阳和10个环组成。中心结构表示人类赖以生存环境，外围的十个环紧密结合，表示公众参与，其寓意为"全民联合起来，共同保护人类赖以生存的环境"。

参与环保宣传

在原子弹发明后不久,爱因斯坦曾说过:"除了我们的思维方式外,一切都改变了。"这话同样适用今天的我们。地球在供养人类生息了数十万年后,第一次发现,不管是生态还是资源,已经再也供养不起如此众多的人口。人口已急剧增长到超过70亿。最令人担忧的是,最新增长的10亿人口仅仅只用了12年。与此相同时的是自然生态破坏和大规模的物种灭绝。每过20分钟,世界上增加了3500个婴儿,却有1个或更多的动植物物种彻底灭绝。每年至少有2.7万个物种永远从地球上消失。不断增长的能源需求导致全球气候变暖,大规模的农业开发使得森林灭绝,荒漠化现象日益严重……

然而,作为人类中的大多数似乎并没有听到科学家和环保主义者一再发出的警告。思维模式还停留在工业革命时代初期的人们,还总以为自然资源是无穷无尽的,还在一味地索取、压榨早已伤痕累累的大自然;或者对此有所了解,但习惯的惰性还在驱使他们破坏、污染自然。

积极的环保宣传和环境教育对于改善环境、促进环境保护具有十分重要的作用。1992年，联合国环境与发展大会发表的《21世纪议程》中指出："环境教育对于促进可持续发展和公众有效参与决策是至关重要的。"该议程建议"将教育重新定向，以适合可持续发展，增强公众意识并推广培训"。

目前在中国，人们对人类活动与环境的内在联系的认识还相当贫乏。由于中国特殊的资源、环境、人口状况，环保宣传和教育更显得重要。通过积极的环保宣传，可以使人们认识到环境破坏的危害性和环境保护的重要性，进而更进一步地认识并关心经济、社会、政治和生态的相互依赖性，增强每一个人的责任感并使其获得保护和改善环境、支持可持续发展的知识和技能。

宣传环境意识

现代的社会是物质文明高度发达的社会，我们可以享受着现代化带来的安逸，然而也承受着现代化带来的恶果——环境污染、资源短缺、生态破坏……人类从未像现在这样对自己的生存空间构成如此严重的威胁，所以如何长久地生存在我们的地球上，如何走可持续发展道路，如何做好环境保护已经成为全球共同探讨的问题。

据说联合国一年365天几乎天天都开会，会议主题千差万别，但都不同程度上关系到人口、资源、环境问题。然而，由于人们的知识水平不一样，对环保的认识存在很大的差异和局限，我们应该经常性地阅读有关书籍和报刊，增加对于环保的认识，同时尽可能地把书籍和报刊借给周围的人，让更多的人了解和关心环保。这样环保才能成为一种普遍的认识，成为一种潮流，才能转化成人们的行动。一些绿色经典著作，如《寂静的春天》《我们的国家公园》等图书，对人们的环保意识起到了巨大的推动作用,影响了众多人的环保观念。所以我们应该多读此类著作,同时向更多的人推荐。

还有,每年2月2日是世界湿地日,4月22日是世界地球日,6月5日是世界环境日,6月25日是中国土地日,7月11日是世界人口日,10月4日是世界动物日……在这些日子来临之际,我们都要不失时机地撰写文章、制作节目或召集活动,甚至在传统的清明节也组织青少年为灭绝的动物扫墓。这是唤起人们环境意识的重要时机,我们应该利用这些机会多多宣传环保的重要性和应该采取的措施。

优先购买绿色产品

我们经常说的绿色产品指的是符合环境标准的产品。不仅产品本身的质量要符合环境、卫生和健康标准，其生产、使用和处置过程也要符合环境标准，既不会造成污染，也不会破坏环境。因为绿色是象征生命的颜色，代表着充满生机的大自然，公众就把这类与大自然相协调的产品统称为绿色产品。绿色产品需要有权威的国家机构来审查、认证，并且颁发特别设计的环境标志，所以又称作"环境标志产品"。各国设计不同的环境标志，不一定都以绿色为主，但是通常人们仍然将这些产品称为绿色产品。

消费者代表经济的需求端，是决定经济和社会能否可持续发展的当家人，消费者的消费支出相当于消费者对各种商品及其生产者"投选票"。因为消费者具有选择的权利，也就具有了间接配置经济资源的能力。绿色消费不仅包括绿色产品，还包括物资的回收利用，能源的有效使用，对生存环境，对物种的保护等，如果消费者转向了绿色消费，在市场竞争条件下，生产者就必须根据消费者的投票意愿，调整劳动力和生产资料的使用，调整投资的方向和数量，并且研究如何节约资源，降低生产成本，以最大限度地降低环境损害。

所以，如果消费者都购买保护环境的商品，就能使厂家不去生产对环境有破坏作用的产品；反之若购买不利于环境的商品，就是支持现在仍然采取对环境有害的方法进行生产的厂家。而环境与我们每一个人相关，所以请优先购买绿色产品。

私车定时查尾气

发达的社会生活中，汽车将成为人类不可缺少的交通运输工具。自从1886年第一辆汽车诞生以来，它给人们的生活和工作带来了极大的便利，也已经发展成为近现代物质文明的支柱之一。但是，我们也应该看到，在汽车产业高速发展、汽车产量和保有量不断增加的同时，汽车也带来了大气污染，即汽车尾气污染。

汽车尾气排放的主要污染物为一氧化碳、碳氢化合物、氮氧化物、铅等。一氧化碳和人体红细胞中的血红蛋白有比氧强几十倍的亲和力，亲和后生成碳氧血红蛋白，削弱血液向各组织输送氧的功能，造成感觉、反应、理解、记忆力等机能障碍，重者危害血液循环系统，导致生命危险。氮氧化物是对人体，特别是对呼吸系统有害的气体。目前还不清楚碳氢化合物对人体健康的直接危害。但是碳氢化合物和氮氧化合物（NOx）在大气环流中受强烈太阳光紫外线照射后，产生一种复杂的光化学反应，生成光化学烟雾。

　　20世纪50年代美国洛杉矶发生光化学烟雾事件，4天中死亡人数较常年同期约多4000人，其中45岁以上者约为平时的3倍，1岁以下者约为平时的2倍。一周中因支气管炎、冠心病、肺结核和心脏衰弱死亡者分别为事件前一周同类死亡人数的9.3倍、2.4倍、5.5倍和2.8倍。北京现已超过500万辆机动车，每辆车排放的污染物浓度比东京、纽约等城市同类机动车多3~10倍。尾气超标，害人害己，如果你家有汽车，请别忘了定期查查尾气。

爱护古树名木

人有名星树也有名树，我们经常可以在风景旅游胜地见到一些树上挂有"古树名木"的小牌子。那么，哪些树可称为古树名木呢？据我国环保部门规定，一般树龄在百年以上的大树即为古树；而那些树种稀有、名贵或具有历史价值、纪念意义的树木则可称为名木。

不同的国家对古树树龄的规定差异较大。在西欧、北美一些国家，树龄在50年以上的就定为古树，100年以上的古树就视为国宝了。而我国将树龄在300年以上的定为一级古树；树龄在100年以上300年以下的，定为二级古树。美国原国务卿基辛格在参观北京天坛公园时，曾经对着公园里的柏树群大发感慨："以美国的科技实力，我们可以在很短的时间内很容易地复制出你们的寰丘和祈年殿。但复制这些古树，却必须用上千年的时间才能完成。"

古树名木是一种活着的文物，既是自然遗产，也是活的基因载体。研究古树名木对了解古代气候、水文和生态环境都有着重要意义。在我国，每个省份都分布有数不胜数的古树名木。这些历尽沧桑的大树，是我们中华民族悠久历史的见证和象征，也是大自然顽强生命力的体现。为了保护古树名木，各地先后出台了《地方古树名木保护条例》，并为古树名木建立了"户籍"和档案。你如果想了解家乡附近某一棵古树名木的详细情况，可以向当地林业或园林部门去打听一下。你一定会因此而为家乡骄傲。

保护文物古迹

文物古迹蕴含着祖先的智慧,是他们留给我们的宝贵遗产,也是我们生存环境的重要组成部分。我们应该庆幸,我们的祖先为我们留下如此之多的内涵丰富的文物古迹;同时我们也应该感到不幸,因为我们将亲眼看到那些宝贵的遗产在人为或是自然的影响下失去他们的光彩。

我国的环境保护法中明确规定,文物古迹的保护是环境保护工作的重要内容之一。现在每年都有大量的文物古迹被破坏或走私出境,文物古迹保护面临着十分严峻的形势。那些文物古迹并非仅仅是换了一个地方那么简单,很多文物贩子并不都具有高水平的文物鉴赏和保护能力,再加上他们本来就只是为了赚钱,眼光只会盯着那些可以卖钱的物件,对于诸多十分珍贵却无法转变成金钱的文物古迹,他们往往肆意破坏。

文物古迹保护和整个环境保护工作一样,都离不开公众的参与,虽然个人行动使文物古迹免遭被毁厄运的例子并不罕见。

爱护文物古迹，首先要了解文物古迹的价值，弄清楚保护它们应该采取的科学措施。建议你先从了解身边的文物古迹入手，列出它们的分布表，最好再画出分布图，然后查阅有关资料或向专家请教，弄清楚它们的特点和珍贵之处。在此基础上，你可以采取一些措施，比如向周围的人广泛宣传，与朋友们组成保护小组，向文物古迹保护主管部门申请担任志愿者等等，来保护你身边的这些宝贝。

在室内、院内养花种草

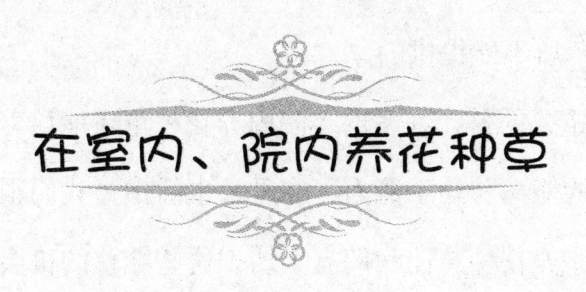

不管是人工培植的还是野生的草坪，都能从一定程度上带给我们美的享受。除此之外，草坪还在默默地为我们做出更多的贡献。草坪不停地呼吸和进行光合作用，吸收空气中的二氧化碳，为人类吐出氧气。每10平方米草地所释放的氧气就足够我们一个人的需要了。所以，在您的庭院中种植草坪等于是建立了天然氧吧。

草坪还能吸附大量的尘土，它的覆盖和固定作用使地表营养丰富的土层不被风吹走，还可以避免土壤被雨水冲刷，保留一部分雨水，使之成为地下水，有助于城市的雨水回收。

在室内养花同样能够起到净化室内空气的作用，花木的呼吸和光合作用释放出氧气和水蒸气，吸附空气中的尘埃，是自然的空气净化器和加湿器。在很少开窗的冬季，室内的花草对空气的净化作用尤其重要。在新装修好的房屋中，花草还能起到吸附有害物质和辐射的作用。不但如此，用花草来装饰房间和院子，你将体味到不同寻常的美感，这些都是那些人工制作的假花假草所不能提供的。

更为重要的是，在室内、院内养花种草还能培养我们的认识大自然的能力和动手能力。在平常生活中，我们很难与多种生物接触，养花种草让我们有了认识这些花草的机会。在培育过程中，不但可以怡情养性，而且我们的手脚也得到了锻炼。

但是，在室内种养花草应该注意，晚上不要将花草留在室内，以免造成室内二氧化碳浓度过高。同时，应该对所养植物的品性有所了解，避免受到它们不必要的伤害。在您的室内外养一些花草吧，一举多得，何乐不为。

在房前屋后栽树

树木是人们的伴侣，它可以调节气候、净化空气、防风降噪，是人类最好的朋友。

树木是我们的"绿色工厂"。1公顷阔叶林1天可以吸收1吨二氧化碳，释放出0.73吨氧气。

树木是粉尘过滤器。当含尘量大的气流通过树林时，随着风速的降低，空气中颗粒较大的粉尘会迅速下降。另外，有些树木的表皮长有绒毛或者能够分泌出油脂，它们能把粉尘黏在身上，从而使经过树林的气流含尘量大大降低。

树木是杀菌能手。许多树木在生长过程中会分泌出杀菌素，杀死由粉尘带来的各种病原菌。据调查，每立方米空气中的含菌量，百货大楼为400万个，林荫道上为58万个，公园里为100个，而林区只有55个。林区与百货大楼空气中的含菌量相差7万多倍。

此外，树木还是天然蓄水库和天然空调。印度加尔各答农业大学德斯教授对一棵树的生态价值进行了计算：一棵 50 年树龄的树，产生氧气的价值约为 31200 美元；吸收有毒气体、防止大气污染的价值约为 62500 美元；增加土壤肥力的价值约为 31200 美元；涵养水源的价值约为 37500 美元；为鸟类和其他动物提供繁衍场所的价值约为 31250 美元；产生蛋白质的价值约为 2500 美元；除去花、果实和木材价值，总计创造价值约 196000 美元。

所以，在房前屋后种树既可以美化我们的生活环境，又能起到树木"绿色工厂""绿色卫士"的作用，保护我们的健康，又为我们提供纳凉的场所。树多了，鸟儿自然就会来。清晨伴着鸟鸣沐浴于晨光中，呼吸着新鲜的空气，一天都会有好心情。

接近小动物

现在的人们生活节奏越来越快,对于生活中的一些美好的事物常常表现出漠不关心,我们缺乏一双发现美的眼睛。特别是家居闹市者,每天忙忙碌碌、行色匆匆,很少能注意到身边有小动物和鸟类。但如果你参加一些像"自然之友"那样的民间环保组织的观鸟活动,或在生活中平心静气地留意窗外、树梢,就会发现还是有一些来来去去的小鸟。既有喜鹊登枝,也有麻雀啁啾,幸运时还会发现斑啄木、大山雀、蓝歌鸽、柳莺等。

远离小动物让我们的心灵变得越来越冷漠,让我们对它们的生活一无所知,再由陌生而产生厌恶与恐惧。现代很多人对小动物们的厌恶情绪就是这么一步步地形成的,它们认为各种小动物很肮脏,身上布满了细菌与病毒,而且行为古怪,充满攻击性,靠近它们是一件很危险的事情。

其实,我们身边有许多奇妙的小生命:昆虫、壁虎、蝙蝠、老鼠、黄鼬等。只是我们粗心大意,甚至利欲熏心,才会对自然之美视而不见。梭罗说:"唯有安详之心,才能感受美。"我们若细心观察并为小动物们提供往来休息和觅食的条件,就能轻松地同动物们交朋友了。

  一位老教师在自家窗台上安放了巢箱,投放了一些食物和水,便常有小鸟光顾,有的还生儿育女了。如果我们大家都像这位老人一样为小动物们提供些方便的生活条件,我们的周围就会燕语莺声、生机盎然。

要爱护小动物哦!

举报破坏环境的行为

我们当中有很多人羡慕环境美丽如画的欧美国家，然而他们也曾经历过环境破坏和污染的时期，是环境意识、法律和社会公德及公众的监督形成了良好的社会风气，才取得了今日的环境保护成就。

在美国的高速公路旁，经常可以见到倒下的大树，偶尔还可以发现被撞死的动物，但是绝对没有人将其弄回家去，否则将被起诉和惩罚。在新加坡更是以法律和公众监督来制约破坏环境的行为。

生活环境是人类共有的，它的维护离不开所有人的共同努力。如果大多数人对它不闻不问，将希望寄托在少数人的劳动上，很难使得环境美好起来。也许作为一个普通人，我们很难在改善环境上有大的作为，但是对破坏环境的行为进行监督却是我们每一个人都能够做到的。这就像我们很难捉拿罪犯，但可以举报犯罪行为，同样可以将社会环境维护好。

其实，我国也制定了很多关于环保的法律法规，如《环境保护法》《固体废物污染环境防治法》《环境噪声污染防治法》等，以制裁破坏环境的不良行为。我们每一个人都是环境破坏的直接受害者，我们应该学会用法律来保护自己。当你发现有偷猎野生动物、向河流排放污水、乱砍滥伐等等行为时，应及时向执法部门举报，并通报给新闻单位，让社会舆论对其进行谴责。只有我们共同参与，才能建设出具有美好生态环境的生存空间。

支持环保募捐

我们在享受现代文明所带来的丰富、舒适、方便的生活条件时，也遭受着我们自己制造的污染的折磨。改变现实需要我们每个人的努力，任何人都没有权力置身事外。

发达的欧美国家也曾经历过严重污染的时期，他们治理污染的成功经验中很重要的一条就是公众参与。公众参与的形式是多样的，你可能由于各种原因不能亲身到一线去做志愿者，但你可以以其他形式参与环境保护事业。令人欣喜的是，如今的环保社团和组织已经活跃起来，组织各种环保活动，如植树、观鸟、保护濒危动物、提倡新的生活方式和消费方式、进行环保宣传等，他们的活动影响着公众意识和政府行为，带动着社会舆论，对推动绿色文明建设起到了重要的作用。

然而，大部分环保社团是公益性的，他们的很多活动因为受到经济因素制约，不能达到最佳效果。而作为在很多情况下都无法亲临环保工作现场的人们，应该尽可能地为其提供经济上的支援，如支持环保募捐，购买公益拍卖品等。或许作为一个普通人，你只能捐助很少的一笔钱，但聚沙成塔，集腋成裘，只要人人都伸出关爱之手，为环保工作募集足够的资金就不是困难的事情。

相信随着越来越多的人支持环保活动，我们的生态环境能够得到更好的保护。

支持有环保倾向的股票

如果单方面地进行环境保护将会使得投入成本很高，总有一天环保者会不堪重负。如果将环保与经济生产联系在一起，将会使得环保工作获得持久的资金来源，也便于人们通过一种快速的方式从环境保护中获得利益，激发环保工作者的工作热情。现在就有一些具有环保特点的绿色产业发展了起来。

具有环保特点的绿色产业意味着巨大的市场机遇。自里约环境与发展大会以来，人们日益认识到可持续的经济发展主要依赖于商业和环境之间相互作用本质的改变。因此，生产环保用品、绿色产品以及生产无生态危害的产业便成为未来几十年的一个最重要的投资领域，具有良好的市场前景。

据悉，我国对环保产业的投资给予越来越多的优惠政策，如"零税率"和各种费用的减免等。从基金业发展方向与有关动态来看，环保产业投资基金的成立也是大势所趋。像垃圾处理这样的环保产业由于既享受免税或关税等优惠，又有政府的补贴，加之还有发电收益和消费者的支持，故能确保其经济效益，其他环保产业也是如此。向环境上合理的经济转变对企业界来说是一个前所未有的挑战。不顾变化的事实，拒绝学会以一种生态上更合理的方式生产的企业会发现他们将无利可图。所以从长远来看，支持有环保倾向的股票，是既有利于绿色事业又有利于个人回报的投资选择。

组织环保义务劳动

人类共同拥有一个地球，自然环境的状态与每一个人的生存休戚相关。因此，保护环境也是每一个地球人的义务，参与环保活动是每一个地球公民义不容辞的责任。

或许有些活动需要一些外在条件，一般人很难做到，但现实中还有许多大家力所能及的劳动等着大家参与。在每年3月12日的植树节、4月22日的世界地球日、6月5日的世界环境日等等环保纪念日，世界各地都要组织一些清理垃圾、植树造林的活动。这些活动规模往往很大，一个城市动辄有几万甚至十几万人参加。中国这几年也有人组织类似的活动，规模和反响也越来越大。

利用环保纪念日宣传环境意识，教育民众是善义之举，但对于具有一定环境意识的人来说，组织环保义务劳动则未必非要选择日期。你可以在你认为有必要的时候，约上几个好朋友，到你所在的社区或你家乡附近的某些公共区域捡捡垃圾，把公共设施擦洗干净等，让家乡因而光彩重生。这是多么有意义的事情！劳动创造世界，创造人，也创造清洁和美。请注视一下我们的双手，要知道，它们可以让这世界变得更美好，也可以把这个世界的美好破坏掉，关键在于你用什么意识支配它。

全家动员组织环保义务劳动……

做环保志愿者

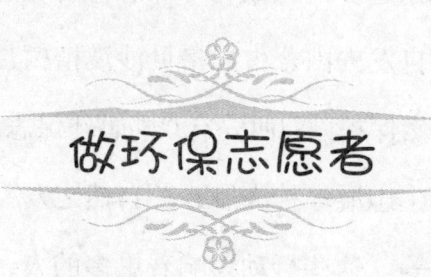

平时，政府和环保团体对环保的投入更多，而对于个人显得没有任何关系。洁净的空气、幽雅的环境是我们共享的，每个人都应对环境保护尽一份义务。你也许会说，自己不是环保专业，不懂环保知识，职业也和环保无关。这些都不是问题，只要你愿意，来做环保志愿者吧！你可以做的事情很多，比如，参加环保宣传、义务帮助环保组织工作，参加公益活动如筹款、植树等等，你可以有很多选择。

随着人们环保意识的提高，做一个环境志愿者已成为一种国际性潮流。很多知名跨国公司在录用人才时，特别注意应征者是否有参加环保公益活动的记录，以此来判断其责任感和敬业精神。据报道，美国18岁以上的公民中有49%的人作过义务工作，每人平均每周义务工作4.2小时，相当于2000亿美元的价值。在日本及欧洲各国，做环保志愿者也是公民普遍的常规行动。

举手之劳的环保小事

在我国，越来越多的人成为环保志愿者，这已形成一种风尚。如各地公民自发去内蒙古恩格贝沙漠植树；深圳市民自发到长江源头建自然保护站；西安有"妈妈环保志愿者活动日"；北京林业大学学生志愿守护大雁；"自然之友"组织北京会员到沙漠义务植树等。这些行动影响着更多的人，环保志愿者的队伍正在不断扩大。人们的环保意识也日益得到加强。